マイコスポリン様
アミノ酸入門

増訂第2版

Mycosporine -Like Amino Acid Handbook

JN119532

景山 伯春

三恵社

はじめに

　紫外線を吸収する性質をもつマイコスポリン様アミノ酸は、サンスクリーン剤（日焼け止め）などの化粧品分野において応用可能な天然化合物である。近年になって、この物質が紫外線吸収能だけでなく抗酸化活性や抗炎症作用などに代表される多様な有用機能を有することが明らかになりつつある。そのため、化粧品分野にとどまらず、医薬品や食品などさまざまな分野での応用利用が検討、展開されている。既に世界中の企業から多くの特許が出願されており、マイコスポリン様アミノ酸が配合された化粧品原料やスキンケア製品が市場に送り出されている。

　マイコスポリン様アミノ酸の研究の歴史は長く、マイコスポリン様アミノ酸に分類される物質の存在が発見されたのは文献的には 1960 年代までさかのぼる。これまでに、自然界において 70 種類を超えるマイコスポリン様アミノ酸類化合物の存在が報告されている。研究が進み、2010 年にはシアノバクテリアにおいてマイコスポリン様アミノ酸の生合成を担う遺伝子が特定された。その後も、生合成に関わる遺伝子や制御機構が新たに発見されている。今後は、遺伝子工学的な技術により、微生物等を用いて自在にマイコスポリン様アミノ酸を生産できるようになるかもしれない。

　本書は、マイコスポリン様アミノ酸の基本事項、分子構造、活性およびその応用事例をまとめたものであり、理系の大学生や大学院生用の入門書あるいは研究者用のハンドブックとして用いられることを想定している。なるべく易しい記述となるように心がけ、重要な用語には英語表記をつけ加えた。文章中では適宜、学術論文等の文献を引用し、専門的な用語には極力説明を加えた。記載しきれなかった情報については文献を辿って理解を深めてほしい。また、付録としてマイコスポリン様アミノ酸およびアミノ酸の分子構造の情報を巻末に加えた。著者の知るかぎりでは、これまでにマイコスポリン様アミノ酸を主題においた書籍は刊行されていない。本書がマイコスポリン様アミノ酸に関する知識を深めるための一助となれば幸いである。

　本書の初版は 2021 年に出版され、幸いにも読者に恵まれることで増刷する機会を得た。この機会に、今一度最新の情報を盛り込むとともに、本文全体を見直して一部を書き改めることで、増訂 2 版として新たに発行する運びとなった。新版の制作においてお世話になった方々にこの場を借りて深く感謝申し上げたい。

2024 年 4 月

著者

目　次

第1章　マイコスポリン様アミノ酸（MAA）の分子構造　　・・・・7
　1．マイコスポリン様アミノ酸（MAA）とは　　・・・・8
　2．MAA の分子構造　　・・・・9
　　(1) 基本構造　　・・・・9
　　(2) 共鳴混成体　　・・・・12
　　(3) MAA の分子構造に影響する要因　　・・・・13

第2章　MAA の分布　　・・・・15
　1．MAA の分布　　・・・・16
　2．大型海藻類　　・・・・16
　3．シアノバクテリア　　・・・・18
　　(1) UV 照射によって MAA の蓄積誘導がおこるシアノバクテリア

　　　　　　・・・・19
　　(2) 塩および浸透圧ストレスによって MAA の蓄積誘導がおこるシアノバクテリア

　　　　　　・・・24
　　(3) 温度変化によって MAA の蓄積誘導がおこるシアノバクテリア

　　　　　　・・・・26
　　(4) 乾燥に強い Nostoc 属のシアノバクテリア　　・・・・27

第3章　MAA の生合成経路と制御機構　　・・・・29
　1．MAA の生合成経路　　・・・・30
　　(1) MAA の前駆体 4-deoxygadusol の生合成経路　　・・・・30
　　　　シキミ酸経路からの 4-DG の生合成　　・・・・31
　　　　ゲノムマイニングによる DHQS と O-MT の発見　　・・・・32
　　　　ペントースリン酸経路からの 4-DG の生合成　　・・・・32
　　(2) 4-DG を前駆体とする MAA の生合成　　・・・・34
　　(3) シアノバクテリアにおける MAA 生合成遺伝子クラスター

　　　　　　・・・・36
　　(4) シアノバクテリア以外の生物種における MAA 生合成遺伝子

　　　　　　・・・・39

(5) 遺伝子資源としての MAA 生合成遺伝子 ・・・・41

(6) NRPS/D-Ala-D-Ala ligase の基質特異性 ・・・・44

2．MAA の生合成経路の制御機構 ・・・・46

(1) UV 照射ストレス ・・・・46

(2) 塩ストレスおよび浸透圧ストレス ・・・・47

(3) その他の非生物的要因 ・・・・48

栄養物濃度 ・・・・48

温度 ・・・・50

遠赤色光 ・・・・50

3．MAA の局在 ・・・・50

第4章　MAA の分析と分取 ・・・・51

1．MAA の分析と同定 ・・・・52

(1) MAA の HPLC 分析 ・・・・52

(2) MAA の分子構造の決定 ・・・・53

MAA の吸収極大波長 ・・・・54

MAA の分子量 ・・・・54

MAA に含まれるアミノ酸残基 ・・・・55

未知 MAA の分子構造決定 ・・・・55

2．MAA の分取と生産 ・・・・57

(1) MAA の分取 ・・・・57

MAA の抽出 ・・・・57

クロマト分離 ・・・・58

実践例 ・・・・58

(2) MAA の生産 ・・・・59

第5章　MAA の活性と応用事例 ・・・・61

1．UV 防御能とサンスクリーン剤原料としての応用 ・・・・62

(1) 基本事項 ・・・・62

UV-A ・・・・62

UV-B ・・・・62

(2) Helioguard 365 ・・・・64

(3) Helinori ・・・・66

２．抗酸化能　　　　　　　　　　　　　　　・・・・67
　(1)　基本事項　　　　　　　　　　　　　　・・・・67
　(2)　MAA の抗酸化活性　　　　　　　　　　・・・・68
　(3)　抗酸化システムに対する MAA の影響　　・・・・73
３．抗炎症作用　　　　　　　　　　　　　　・・・・76
　(1)　基本事項　　　　　　　　　　　　　　・・・・76
　(2)　UV-B 誘導性の炎症経路に対する MAA の影響　・・・・77
４．抗糖化活性　　　　　　　　　　　　　　・・・・79
　(1)　基本事項　　　　　　　　　　　　　　・・・・79
　(2)　MAA の抗糖化活性　　　　　　　　　　・・・・80
５．コラゲナーゼ活性阻害能　　　　　　　　・・・・82
　(1)　基本事項　　　　　　　　　　　　　　・・・・82
　(2)　MAA のコラゲナーゼ活性阻害能　　　　・・・・82
６．キレート化能　　　　　　　　　　　　　・・・・84
　(1)　基本事項　　　　　　　　　　　　　　・・・・84
　(2)　MAA のキレート化能　　　　　　　　　・・・・85
７．DNA 保護能　　　　　　　　　　　　　　・・・・86
８．創傷治癒作用　　　　　　　　　　　　　・・・・87
９．抗がん作用　　　　　　　　　　　　　　・・・・87
１０．抗ウイルス作用　　　　　　　　　　　・・・・88
１１．園芸への応用　　　　　　　　　　　　・・・・88
１２．フィルム素材としての応用　　　　　　・・・・88

付録１　MAA の構造、分子量、吸収極大、モル吸光係数　　・・・・90
付録２　アミノ酸の分類と構造　　　　　　　・・・・104
付録３　MAA の分子構造の相関図　　　　　　・・・・107
付録４　MAA の分子構造中の炭素原子の位置番号　・・・・110
付録５　シトネミン生合成経路の概略　　　　・・・・111
参考文献　　　　　　　　　　　　　　　　　・・・・113
索引　　　　　　　　　　　　　　　　　　　・・・・124

第1章

マイコスポリン様アミノ酸（MAA）の分子構造

1．マイコスポリン様アミノ酸（MAA）とは
2．MAA の分子構造

1．マイコスポリン様アミノ酸（MAA）とは

　マイコスポリン様アミノ酸は、分子構造中に窒素を含む水溶性の低分子有機化合物で、天然のサンスクリーン剤として知られる。英語表記の Mycosporine-like Amino Acid から MAA と表記される場合が多く、本書でも以後は MAA と表す。「マイコスポリン」はもともと菌類に存在する特定の分子構造をもつ二次代謝物を示し、その基本構造にアミノ酸類が結合した化合物を MAA とよぶ[1]。これまでに 70 種類以上の MAA 類化合物が報告されている。

　MAA は紫外線（ultraviolet, UV）吸収物質として知られている。これまでに報告されている MAA の吸収極大波長は 310～362 nm の範囲におさまっている。また、モル吸光係数（molar absorption coefficient）の値も $\varepsilon = 20{,}000 \sim 50{,}000$ $M^{-1}\,cm^{-1}$ 程度と大きい。例として、耐塩性シアノバクテリア（halotolerant cyanobacterium）から精製（purification）された mycosporine-2-glycine の吸収スペクトルを【図 1-1】に示す。UV 光線は波長によって UV-A (315-400 nm), UV-B (280-315 nm), UV-C (100-280 nm) に分類されるため、MAA は UV-A および UV-B を効率的に吸収する物質だといえる。自然界において最も強い UV-A 吸収能をもつ化合物だとも考えられている[2]。MAA は、吸収した UV のエネルギーを、活性酸素種（reactive oxygen species, ROS）などの有害物質を生じることなく、熱として周囲に放出できる[3]。

　MAA を生合成する生物種はこれまでに多数報告されており、生物体内に蓄積された MAA は、UV 光線による核酸や蛋白質へのダメージの軽減に貢献していると考えられる。また、後述するように、UV 吸収能以外にもさまざまな生理活性が報告されている。

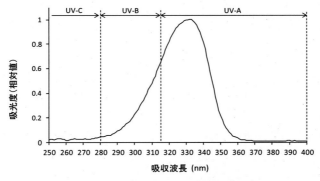

図 1-1　MAA（mycosporine-2-glycine）の吸収スペクトル

2．MAA の分子構造

(1) 基本構造

　MAA の分子構造で核となる部分はシクロヘキセノン（cyclohexenone）構造またはシクロヘキセンイミン（cyclohexenimine）構造【図 1-2】である。基本的に、図中の R_1 および R_2 の部分に置換されたアミノ酸が結合する。シクロヘキセノン構造をもつ MAA はアミノ酸を一つ含む構造で、R_1 がグリシン（glycine）で置換された場合は mycosporine-glycine となる【図 1-3】。一方、シクロヘキセンイミン構造では二つの置換基で置換されており、たとえば R_1 と R_2 がそれぞれグリシンとセリン（serine）で置換された場合は shinorine となる【図 1-3】。二置換体型の MAA では、R_1 の部分に相当するアミノ酸はグリシンとなる場合が多い。これは、MAA の生合成経路において、まずグリシンが基本構造に結合することで mycosporine-glycine が生成し、その後に二つ目のアミノ酸が mycosporine-glycine に結合して二置換体型の MAA が生成するのが一般的だからである（MAA の生合成経路の詳細については後述する）。【表 1-1】に、代表的な MAA の分子構造、置換基および吸収極大を示す。

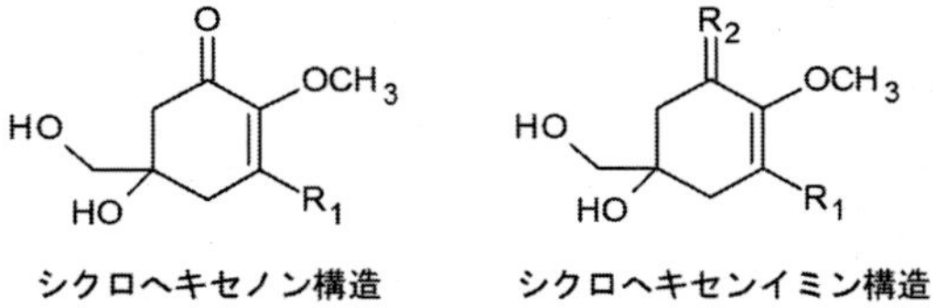

（シクロヘキセノン構造　　　シクロヘキセンイミン構造）

図 1-2　MAA の基本構造

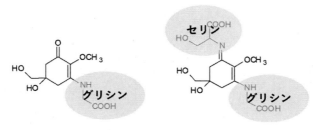

Mycosporine-glycine　　　　　Shinorine

図 1-3　シクロヘキセノン構造とシクロヘキセンイミン構造のアミノ酸置換部分

表 1-1　代表的な MAA の置換基

MAA	置換基 R_1	置換基 R_2	吸収極大 (nm)
一置換型 MAA			
Mycosporine-glycine 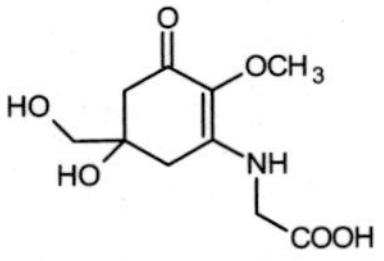	グリシン	−	310
Mycosporine-GABA 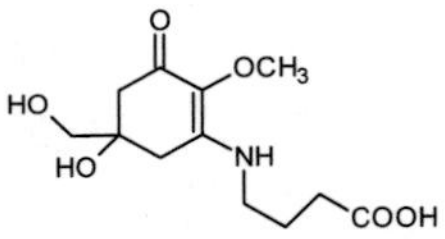	GABA (γ-Aminobutyric acid)	−	310
二置換型 MAA			
Shinorine 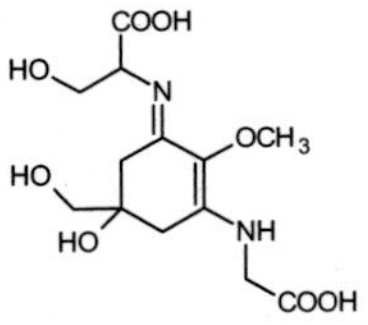	グリシン	セリン	334
Porphyra-334 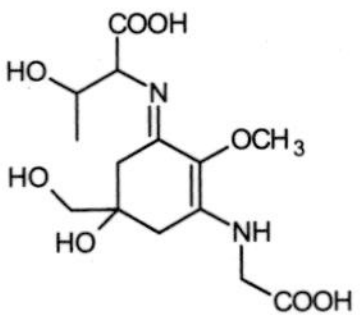	グリシン	スレオニン	334
Mycosporine-2-glycine 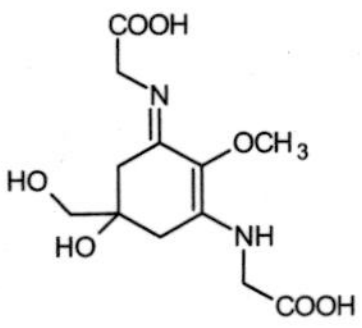	グリシン	グリシン	332

前頁からのつづき

MAA	置換基 R_1	置換基 R_2	吸収極大 (nm)
二置換型 MAA			
Palythine 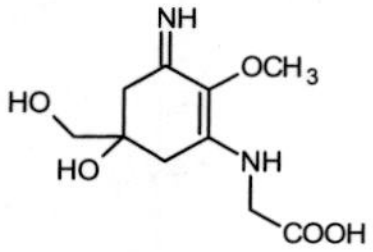	グリシン	アミノ基 (–NH₂)	320
Palythine-serine 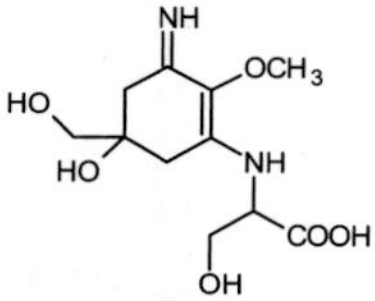	セリン	アミノ基 (–NH₂)	320
Euhalothece-362 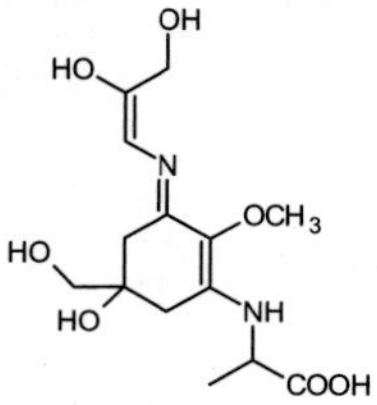	アラニン	2,3-Dihydroxypropenyl amine	362
Asterina-330 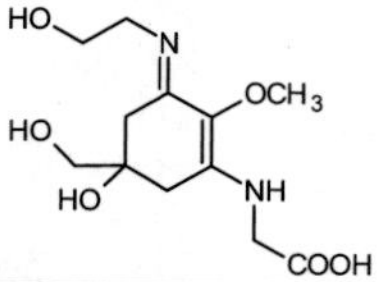	グリシン	2-Aminoethanol	330
Palythene 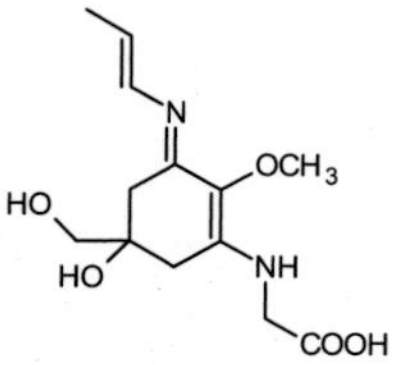	グリシン	1-Aminopropene	360

(2)　共鳴混成体

　　MAA は 1 分子内に正電荷と負電荷の両方をもつ双性イオン（twitterion）として存在する。【図 1-4】に示したように、二種類の極限構造（canonical structure）の重ね合わせによる共鳴混成体（resonance hybrid structure）をつくり、C1〜C3 位をはさむ窒素原子間で正電荷の非局在化（delocalization）がおこる。このような構造を共役構造（conjugated structure）という。共役構造は、吸収する光の波長に影響することが知られており[*1]、非局在化の度合いがそれぞれの MAA の吸収極大波長やモル吸光係数の値に寄与していると考えられる。

*1: 一般的に、共役構造が長くなるほど吸収する光の波長が長くなる。

Palythine

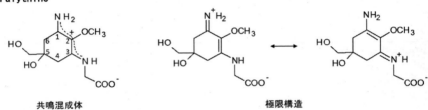

共鳴混成体　　　　　　　　　　　　　　　　　　　極限構造

Porphyra-334

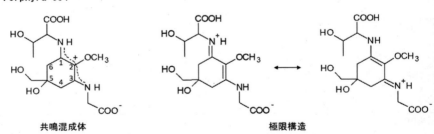

共鳴混成体　　　　　　　　　　　　　　　　　　　極限構造

図 1-4　Palythine と Porphyra-334 の共鳴混成体

(3)　MAA の分子構造に影響する要因

　溶媒の pH と温度が MAA の構造に対して影響を与えることが報告されている。中性付近の pH の水溶液に溶解している porphyra-334 の吸収極大波長は 334 nm だが、pH＝3 では 332 nm、pH＝1~2 では 330 nm へ変化する[4]。酸性度の高い水溶液中に過剰に存在する水素イオン（proton, プロトン）が porphyra-334 分子中の窒素原子に存在する非共有電子対（lone pair）に結合してプロトン化（protonation）がおこり、共役構造中の正電荷の非局在化が阻害され、その結果として吸収極大波長が小さくなると考えられている。また、mycosporine-glycine および shinorine もプロトン化によって吸収極大波長が小さくなることが報告されている[5]。この報告では、MAA に含まれるアミノ酸残基中のカルボキシラートイオン（carboxylate anion, $-COO^-$）のプロトン化が吸収極大の変化に関与していることが示されている。一方で、pH12 を超える高アルカリ条件では、吸収極大の変化は見られないものの、porphyra-334 の吸光度が低下するとともに、225 nm に吸収極大をもつ別の化合物が生成することが示されている[4]。　これらの結果は、porphyra-334 が強いアルカリ性条件下では不安定となり、その分解物が生成していることを示唆している。　また、温度も porphyra-334 の安定性に関与し、60℃を超えると、アルカリ性溶液のみならず酸性溶液でも porphyra-334 の分解が促進されることが示されている[4]。

(4)　MAA の紫外線吸収メカニズム

　MAA が UV を吸収して熱へと変換する分子メカニズムは計算化学によって解析されている。山陽小野田市立山口東京理科大学の研究グループは、MAA が UV エネルギーを吸収すると分子構造のねじれが生じ、このねじれ構造が元に戻る際に吸収した UV エネルギーを熱として消散することを明らかにした【図 1-5】[6]。元に戻った構造は再び UV を吸収可能になるため、MAA は繰り返し UV を熱へと変換して無害化することができる。

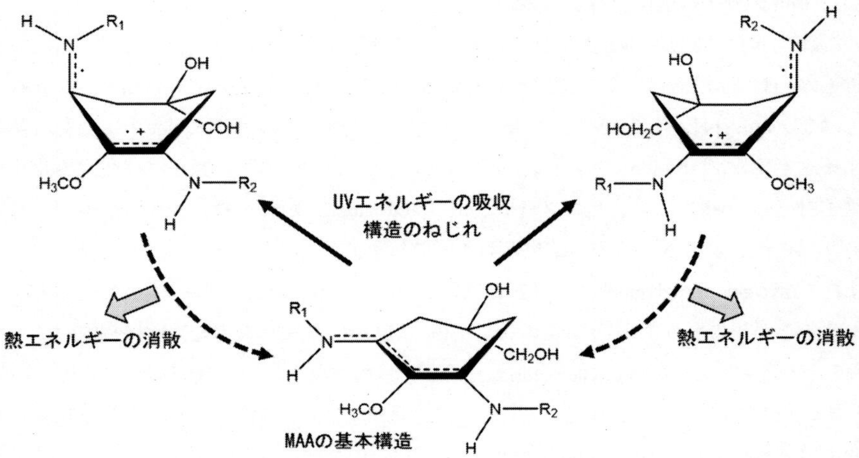

図 1-5　MAA が UV エネルギーを吸収した際の構造のねじれ

第2章

MAA の分布

1．MAA の分布
2．大型海藻類
3．シアノバクテリア

1．MAA の分布

　MAA は自然界において広範囲にわたって分布している。微細藻類（microalgae）、大型海藻（macroalgae）、シアノバクテリア（cyanobacteria）、植物プランクトン（phytoplankton）や菌類（fungi）などの多様な生物種が MAA を生合成できることが知られている。その一方で、シアノバクテリアを除く細菌（bacteria, バクテリア）類および古細菌（archaea）においては MAA が細胞内に蓄積しているという報告はこれまでにない[*1]。MAA 生合成能は基本的に強い UV 照射環境に生息する生物において保存されているようだ。また、フラボノイド（flavonoid）が UV 吸収物質としてはたらく高等植物においても MAA は検出されていない。動物においては MAA が検出される場合があるが、これは食物連鎖を介した他生物からの取り込みや MAA を生合成できる微生物の共生によるものだと考えられている[*2]。この章では、主に大型海藻類とシアノバクテリアにおける MAA の分布について記載することとする。また、最近 Geraldes らによって MYCAS と名付けられた MAA のデータベースが公開された（http://www.cena.usp.br/ernani-pinto-mycas）[7]。このデータベースは 2022 年 2 月の時点で 70 種以上の MAA をカバーしており、それぞれの MAA の基本情報が記載されている。本書にも各 MAA の化学構造を含む情報をリスト化した付録（p. 90~）をつけたので適宜参照されたい。

*1: グラム陽性菌（Gram-positive bacterium）の *Actinomycetales* の一種では、培養条件によっては微量の shinorine が検出されたという報告がある[8]。

*2: サンゴおよびイソギンチャクにおいてシアノバクテリアの MAA 合成遺伝子のホモログが存在していることが報告されており[9]、これらの動物が MAA を生合成する可能性は否定できない。

2．大型海藻類

　海藻においては、紅藻（red alga, rhodophytes）が MAA を蓄積することが知られている。また、一部の緑藻（green alga, chlorophytes）や褐藻類（brown alga, phaeophytes）でも MAA が検出されている。Sun らの調査によると、1990 年から 2019 年の 30 年間で 572 種の MAA を蓄積する大型藻類が報告されており、そのうち 486 種が紅藻類だった[10]【図 2-1】。特に Bangiales 目、Ceramiales 目および Gracilariales 目に属する株に MAA が多く含まれているという報告がある[11]。

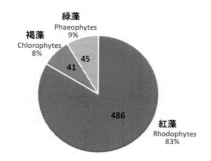

図 2-1 MAA を蓄積する大型海藻類の分布
（参考文献 10 のデータを基に作成）

　これまでに紅藻において検出された主な MAA は 7 種類（mycosporine-glycine, porphyra-334, shinorine, palythine, palythene, palythinol, asterina-330）で、それぞれの吸収極大は 310 ~360 nm と幅広い。紅藻の多くは 4~5 種類の MAA を蓄積するため、UV-A 領域と UV-B 領域を広く吸収できることになる [12]。また、これらの MAA に加えて usujirene が *Palmaria palmate, Gracilaria tenuifrons, Porphyra yezoensis* などの種において蓄積していることが報告されている [10]。さらに、2019 年には *Bostrychia scorpioides* において bostrychine A, B, C, D, E, F が新規 MAA として同定されている [13]。紅藻の種によっては、生息環境中の UV 照射の程度、窒素源の濃度、塩分濃度や温度などの環境要因の変化によって MAA の蓄積量、生合成の制御や蓄積する種類を適応させることができる [12]。化粧品原料として市販されている Helioguard 365 および Helinori は、紅藻 *Porphyra umbilicalis* より抽出した MAA を添加しており、Helioguard 365 はリポソーム化した porphyra-334 と shinorine を、Helinori は poriphyra-334, shinorine および palythine をそれぞれ含む製剤である（これらの製剤についての詳細は、第 5 章 1 で述べる）[12]。しかしながら一方で、これまでのところ、紅藻から抽出した MAA は新規の製品開発には用いられていないようだ。主な理由としては、野外から採取した紅藻中に含まれる MAA の含量が十分でないことにある。紅藻の乾燥重量 1 g あたり最大で 12 mg の MAA 含量が報告されているが、ほとんどのケースでその半分にも満たない含量しか検出されていない [12]。より MAA 含量の高い品種を探し出すか、MAA を効率よく生合成する培養条件を見出すことが解決につながるかもしれない。加えて、効率よく MAA を抽出して単離する手法の確立も求められる。また、次項で述べるシアノバクテリアのような形質転換が可能で培養が容易

な微生物を用いて MAA の生産を試みるのも有効だと考えられる。

　MAA 生合成経路に関与する遺伝子同定や酵素反応の確認についてはシアノバクテリアを用いた解析が先行しているが、2017 年に *Porphyra umbilicalis* や *Chondrus crispus* を含む紅藻のゲノム配列中にシアノバクテリア型の MAA 生合成遺伝子クラスターと類似した領域が存在することが報告された[14]。現在までのところ、遺伝子発現制御機構などの解析報告は無く、今後の展開が期待されるところである。これまでに報告されている紅藻の MAA 合成遺伝子の特徴などについては第 3 章 1 (4) で再度述べる。

3．シアノバクテリア

　藻類の他に、MAA の研究によく用いられているのがシアノバクテリアである。シアノバクテリアはグラム陰性菌（Gram-negative bacterium）に含まれ、酸素発生型の光合成を行うことで地球上への酸素と有機物の供給に大きく貢献した生物だと考えられている。地球上の水域および陸域のいたるところに分布しており、海洋の生態系においては光合成産物を供給する一次生産者である一方で、陸域の生態系においては窒素固定型のシアノバクテリアが窒素源としての役割を果たしている。また、砂漠、温泉、塩湖や極域などの極限環境下においても生息している[15]。これらの環境に適応するために、シアノバクテリアは進化の過程でユニークな環境適応戦略を獲得してきたと考えられる。特に、光合成に必要な太陽光エネルギーを吸収する際に、シアノバクテリアは太陽光に含まれる UV に晒されることになる。そのため、分子および細胞レベルで UV 防御機構を進化させてきたと考えられる。その中の一つが MAA を含む紫外線吸収物質の生合成である。先に述べたように、MAA は主に UV-A 領域と長波長側の UV-B 領域を効率的に吸収できる。シアノバクテリアにおいて最も高い頻度でみられる MAA は shinorine だが、これまでに様々な分子構造の MAA が確認されている。MAA は分子内に存在するアミノ酸残基の影響で双性イオンの性質をもち、これが高い水溶性を与えるため、一般的に細胞質に局在する。一方で、シアノバクテリアの種によっては、シトネミン（scytonemin）【図 2-2】という紫外線吸収物質を生合成できる種が存在する。シトネミンの吸収極大は約 370 nm と MAA と比較して長波長側の UV-A 領域に存在し、UV-B および UV-C 領域の吸収能も有する[15]。MAA とは異なり脂溶性の化合物で、EPS（extracellular polysaccharide）とよばれる細胞外多糖マトリックスに局在する。シトネミンに関する研

究も精力的に行われており、生合成経路やその制御機構などが断片的に明らかになっている。本書ではシトネミンの詳細については取り扱わないが、付録としてシトネミンの生合成経路の概略を p. 111 に示す。

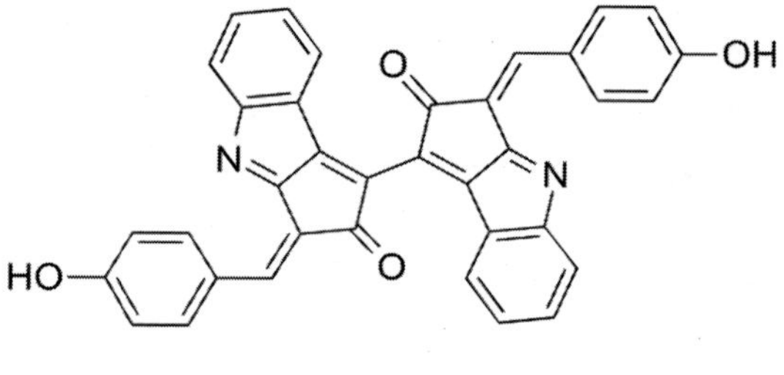

図2-2　シトネミン（酸化型）の分子構造

（1）　ＵＶ照射によって MAA の蓄積誘導がおこるシアノバクテリア

　強いUV照射に晒されると、ある種のシアノバクテリアにおいて MAA の細胞内蓄積が誘導されることが知られている。たとえば、夏の間、日照の強い水田で生き抜くことができる糸状性シアノバクテリア *Anabaena doliolum* が mycosporine-glycine, shinorine, poriphyra-334 を蓄積し、これらが UV-B 照射によって誘導されることが 2008 年に報告されている [16]。同じく糸状性シアノバクテリアの *Nodularia* 株（*Nodularia baltica, Nodularia harveyana, Nodularia spumigena*）においても、shinorine と porphyra-334 の蓄積量が UV-B 照射によって増加することが報告されている [17]。一方で、UV-A 照射や光合成有効放射（photosynthetically active radiation, PAR）は *Nodularia* 株の MAA 蓄積を誘導しない [17]。また、タイの研究グループは 2014 年に連続して類似した研究結果を報告している。まず、バンコク近郊において強い太陽光があたる石碑から採取したシアノバクテリア *Gloeocapsa* sp. CU-2556 において、UV-B 照射が shinorine と未同定の MAA の蓄積を誘導することを明らかにした [18]。また、同じくバンコクの石碑から採取された *Arthrospira* sp. CU2556 では、mycosporine-glycine の蓄積が UV-A では誘導されず、UV-B 照射によってのみ増加することを示した [19]。さらに、バンコクのモンキーポッド（*Albizia saman*）の皮から採取したシアノバクテリア *Lyngbya* sp. CU2555 において palythine と asterina-330 を含む三種類の MAA が発見され、これらも UV-B 照射によって蓄積誘導されることが明らかとなった [20]。その他にも、*Anabaena variabilis* ATCC29413 [21],

Chlorogloeopsis PCC6912 [22], *Nostoc commune* [23], *Anabaena* sp. [23], *Scytonema* sp. [23], *Halothece* sp. PCC7418 [24], *Nostoc flageliforme* [25] などのシアノバクテリアが MAA を細胞内に蓄積し、UV-B 照射によってその蓄積量が増加することが報告されている。このように、一般的に、シアノバクテリアの MAA は UV-B 刺激によって誘導される。淡水性シアノバクテリア *Synechocystis* sp. PCC6803 において蓄積が確認されている三種の MAA（mycosporine-taurine, dehydroxylusujirene, M-343）が UV-A 照射によって誘導されるという報告があるが、これは例外だろう [26] *3。シアノバクテリアにおける UV-B の受容体としては、プテリン（pterin）とよばれるピラジン（pyrazine）環とピリミジン（pyrimidine）環から構成される有機化合物【図 2-3】が提案されている。実際、プテリンの阻害剤で処理すると、*Chlorogloeopsis* PCC6912 株において UV-B 照射による MAA の蓄積誘導が阻害される [27]。【表 2-1】に、UV-B 照射によって MAA の蓄積が誘導されるシアノバクテリアの例を示す。

*3: *Synechocystis* sp. PCC6803 株は MAA 生合成遺伝子を保有していないため、MAA を蓄積するという結果には疑義がある。

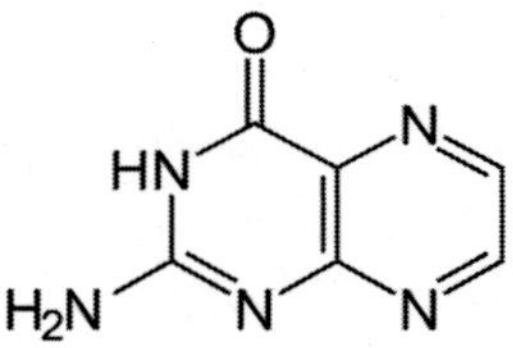

図 2-3　プテリンの分子構造

表 2-1 UV-B 照射によって MAA の蓄積が誘導されるシアノバクテリア

シアノバクテリア	特徴	検出（誘導）された MAA
Anabena doliolum [16]	夏期の高日照条件下で生育可能な糸状性シアノバクテリア。	Mycosporine-glycine Porphyra-334 Shinorine
Nodularia (*Nodularia baltica*, *Nodularia harveyana*, *Nodularia spumigena*) [17]	窒素固定型の糸状性シアノバクテリア。汽水または塩水領域に生息する。一部の株種は、人体に有害なノジュラリン R（nodularin-R）と呼ばれるシアノトキシン（cyanotoxin, 藍藻毒）を生成する。	Shinorine Porphyra-334
Anabaena variabilis ATCC29413 [21]	窒素固定型の糸状性シアノバクテリア。	Shinorine
Chlorogloeopsis PCC6912 [22]	海水 70％までの塩分濃度に耐える糸状性シアノバクテリア。	Shinorine Mycosporine-glycine
Nostoc commune [23]	多様な生息地に生息し、乾燥後 100 年以上生存を維持できる。高紫外線照射条件の陸域環境や乾燥地帯に適応できると考えられている。糸状性シアノバクテリア。	Shinorine (Shinorine 以外の MAA を蓄積するという報告があるが、引用文献 [23] で UV-B 照射によって誘導されたのは shinorine である。)
Anabaena sp.[23]	窒素固定型の糸状性シアノバクテリア。	Shinorine

前頁からのつづき

シアノバクテリア	特徴	検出（誘導）された MAA
Scytonema sp.[23]	窒素固定型のシアノバクテリアで、フィラメント状に成長する。 100 種以上の存在が知られており、多くの種は水生だが、陸域に生育する種もある。いくつかの種は、真菌と共生関係にあり、地衣類となる。	Shinorine
Gloeocapsa sp. CU-2556 [18]	バンコク近郊の石碑から隔離された単細胞シアノバクテリア。夏期は高日照に晒される。	Shinorine M-307（未同定）
Arthrospira sp. CU2556 [19]	バンコクの石碑から採取された糸状性シアノバクテリア。生息域の照度は高い。	Mycosporine-glycine
Lyngbya sp. CU2555 [20]	バンコクのモンキーポッドの樹皮から採取された糸状性シアノバクテリア。	Palythine Asterina-330 M-312（未同定）
Hassallia byssoidea [28]	インドの石碑から採取された糸状性の陸棲シアノバクテリア。抗真菌性を示すグリコシル化リポタンパク質の一種である Hassallidin を生合成する。	Mycosporine-alanine

前頁からのつづき

シアノバクテリア	特徴	検出（誘導）された MAA
Halothece sp. PCC7418 [24]	死海より単離された耐塩性シアノバクテリア。0.25–3.0 M の幅広い範囲の NaCl 濃度条件下で生育可能。	Mycosporine-2-glycine
Nostoc flagelliforme [25]	乾燥耐性型の陸棲シアノバクテリア。食用にされる例もある。	Mycosporine-2-(4-deoxygadusol-ornithine)

(2)　塩および浸透圧ストレスによって MAA の蓄積誘導がおこるシアノバクテリア

　周囲の環境の塩分濃度が高い場合、シアノバクテリアは細胞内の浸透圧を適応するために溶質を高濃度で蓄積する必要がある。このような溶質を浸透圧適合溶質（compatible solute）という。シアノバクテリアが生合成して細胞内に蓄積する適合溶質としては、スクロース（sucrose）、トレハロース（trehalose）、グルコシルグリセロール（glucosyl glycerol）、グリシンベタイン（glycine betaine）などが知られている【図 2-4】。　MAA は極めて水溶性が高いため、UV 吸収物質としてのみならず、浸透圧適合溶質としても機能する可能性がある。イスラエルの死海から単離された耐塩性シアノバクテリアの一種である *Halothece* sp. PCC7418 株 [*4] においては、培地の NaCl 濃度が上昇すると mycosporine-2-glycine の細胞内蓄積量が著しく増加することが知られている [24]。Mycosporine-2-glycine の生合成に関与する遺伝子の発現量も NaCl ストレスによって増加する [24]。UV-B 照射ストレスによっても mycosporine-2-glycine の生合成が誘導されることから、このシアノバクテリアでは mycosporine-2-glycine が UV 防御と浸透圧調節の両方を担っている可能性がある。ただし、このシアノバクテリア株では浸透圧適合溶質としてグリシンベタインが高濃度で蓄積していることから、mycosporin-2-glycine の浸透圧適合溶質としての貢献度はそれほど大きくないかもしれない。実際、グリシンベタインが mycosporine-2-glycine よりも 1000 倍程度高い濃度で蓄積しているという報告がある [29]。一方で、mycosporine-2-glycine の生合成遺伝子を大腸菌（*Escherichia coli*）に導入し、mycosporine-2-glycine を細胞内に蓄積できるようにすると、野生株（wild type strain）よりも高い NaCl 濃度で生育できるようになることから、大腸菌を含む微生物細胞中で mycosporine-2-glycine が浸透圧適合溶質として機能できる可能性は高いと考えられる [30]。別の耐塩性シアノバクテリア *Euhalothece* sp. 株においても euhalothece-362 とともに mycosporine-2-glycine の蓄積が報告されている [31, 32]。興味深いことに、これらの MAA はこれまでのところ耐塩性シアノバクテリア株でしか検出されていない。

*4: *Halothece* sp. PCC7418 株は、元々 *Aphanothece halophytica* として単離された株である。0.25~3.0 M という広い範囲の NaCl 濃度環境下で生育できる。また、pH 11 の塩基性条件下でも生育可能である。高塩濃度条件下においては、グリシンを前駆体とする 3 段階のメチル化反応によってグリシンベタインを生合成して細胞内に高濃度で蓄積することが知られている。

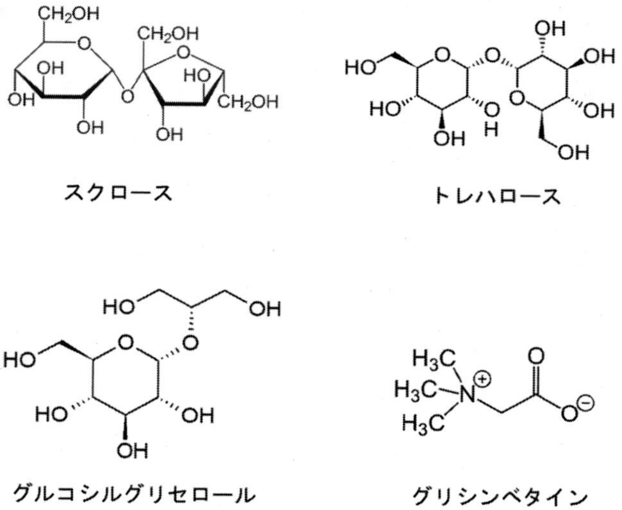

スクロース　　　　　　　トレハロース

グルコシルグリセロール　　　グリシンベタイン

図 2-4　浸透圧適合溶質の分子構造

　糸状性シアノバクテリア *Chlorogloeopsis* PCC6912 株は海水の 70% までの塩分濃度に耐えることができる。この株では UV-B 刺激に加えて、NaCl やスクロースによる浸透圧ストレスによっても mycosporine-glycine と shinorine の蓄積が誘導される [22]。しかしながら、*Halothece* sp. PCC7418 の場合と同様に、NaCl ストレス処理した *Chlorogloeopsis* PCC6912 細胞内に蓄積するこれらの MAA 量は、既存の適合溶質（スクロースおよびトレハロース）と比較して少なく、5% にしかすぎない。そのため、MAA がこの株において浸透圧調節に寄与しているとは考えにくい。

　このように、シアノバクテリア細胞内で MAA が浸透圧適合溶質として機能しているかは疑問が残る。しかしながら、MAA を生合成可能な水棲シアノバクテリアのほとんどが海洋などの塩分を含む環境に生息しており、淡水性のシアノバクテリアで MAA を蓄積する株種はまれであることも事実である。MAA を蓄積するという報告があった淡水性シアノバクテリアの例としては、既出の *Synechocystis* sp. PCC6803（p. 20 を参照）に加えて、*Microcystis aeruginosa* がある [33]。*Microcystis aeruginosa* は、富栄養化した水域において有害藻類ブルームの形成に関与する単細胞性シアノバクテリアであり、microcystin-LR【図 2-5】を主とするミクロシスチン（microcystin）やシアノペプトリン

（cyanopeptolin）などの神経毒を生成する。このシアノバクテリアでは、shinorine および porphyra-334 が検出されている。水面を生息域とするため、UV を含む高い太陽放射照度への曝露から細胞を保護するために MAA を合成しているのかもしれない。しかしながら、*Microcystis aeruginosa* PCC7806 株に対して UV 照射処理を施しても shinorine の蓄積量に影響しなかったという報告もある[34]。

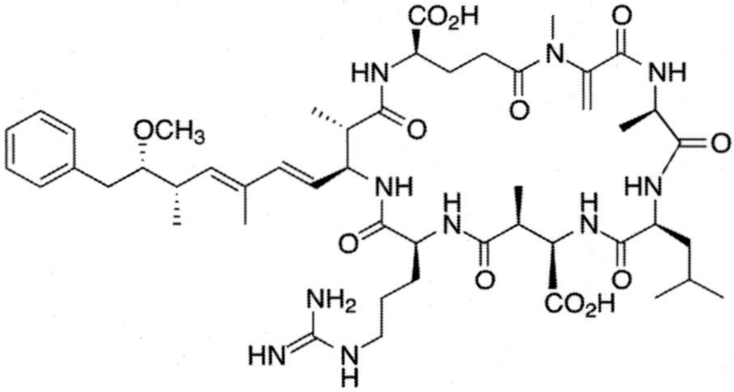

図 2-5　Microcystin-LR の分子構造

（3）　温度変化によって MAA の蓄積誘導がおこるシアノバクテリア

温度は環境中の重要な変動要因の一つであるが、シアノバクテリアにおける MAA の蓄積誘導への関与は大きくないと考えられている。たとえば、*Chlorogloeopsis* PCC6912 における mycosporine-glycine および shinorine の蓄積量は、10~50°Cの範囲で温度をふって培養しても変化はみられない[22]。一方で、生育温度が MAA の蓄積に影響するケースもいくつか報告されている。*Anabaena variabilis* ATCC29413 においては、UV-B 照射によって誘導される shinorine の蓄積が 40°Cで処理することによって顕著に抑制される（対照実験の培養温度は 20 ± 2°C）[21]。耐塩性シアノバクテリア *Halothce* sp. PCC7418 では、30°Cから 37°Cへの温度シフト処理では影響がないものの、23°Cへの温度シフト処理を行うことにより mycosporine-2-glycine が誘導される[35]。シアノバクテリア以外だと、サンゴ（coral）の *Lobophytum compactum* および *Sunularia flexibilis* において熱ストレスが MAA の蓄積量を増加させることが報告されている[36]。

(4) 乾燥に強い *Nostoc* 属のシアノバクテリア

 Nostoc 属のシアノバクテリア【図 2-6】は、糸状性のシアノバクテリアで、ゼラチン状の鞘に覆われたコロニーを形成する。ヘテロシスト（heterocyst, 異質細胞）とよばれる細胞を分化させて、空気中から窒素を取り込む窒素固定型のシアノバクテリアである。イシクラゲとよばれ、食用になる。日本でも酢の物などに調理して食べる。*Nostoc* は生息環境において強い太陽光や高温、乾燥などの環境ストレスに晒されている。陸域では土壌や湿った岩やコンクリート上に見られ、水域だと湖や泉の底に生息する。海洋にはめったに見らないが、ある程度の耐塩性を保有している。乾燥にきわめて強く、100 年以上乾燥した状態で維持されていたとしても、培養液に浸せば生命活動を開始する。*Nostoc* が MAA を蓄積することはよく知られており、多数の研究報告が存在する。糖などが付加されて誘導体化（derivatization）された MAA の報告が多いのが特徴である。【表 2-2】に、これまで *Nostoc commune* において検出された MAA のリストを挙げる。2010 年代に入ってから誘導体化された MAA に関する報告が多いことがわかる。最近になって、*Nostoc commune* を含む乾燥耐性型シアノバクテリアには特徴的な MAA 合成遺伝子の組み合わせが存在し、これが複雑な MAA の生合成に関与していることが示された[37]。このことについては第 3 章で触れる。

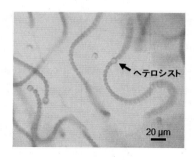

図 2-6 *Nostoc commune* の顕微鏡観察画像

表 2-2　*Nostoc commune* において検出された MAA

報告された年	検出（誘導）された MAA
2001, 2003	Shinorine [23] [38]
2013	450-Da MAA [39] (Hexose-bound palythine-threonine)
2013	612-Da MAA [39] (Two hexose-bound palythine-threonine)
2013, 2015	508-Da MAA [39] [40] (Hexose-bound porphyra-334)
2015	Mycosporine-GABA [40]
2015	464-Da MAA [40] (Pentose-bound shinorine)
2015	478-Da MAA [40] (7-*O*-(β-arabinopyranosyl)-porphyra-334)
2015	880-Da MAA [40] ({Mycosporine-ornithine:4-deoxygadusol ornithine} -β-xylopyranosyl-β-galactopyranoside)
2015	1050-Da MAA [40] (Mycosporine-2-(4-deoxygadusol-ornithine)-β-xylopyranosyl-β-galactopyranoside)
2015, 2017, 2018	Porphyra-334 [40] [41] [42] (*Nostoc sphericum, Nostoc verrucosum* においても検出)
2019	756-Da MAA [43] (Mycosporine-2-(4-deoxygadusol-ornithine), Nostoc-756)

第3章

MAA の生合成経路と
制御機構

1．MAA の生合成経路
2．MAA 生合成経路の制御機構
3．MAA の局在

1．MAA の生合成経路

　MAA の生合成経路（biosynthetic pathway）は、シアノバクテリアを用いて集中的に解析され、一次代謝経路（primary metabolic pathway）の代謝中間体（metabolic intermediate）から MAA の前駆体（precursor, 前物質）が生成することが分かっている。この前駆体を基にして、いくつかの酵素反応（enzyme reaction）を経ることで一置換型もしくは二置換型の MAA が出来上がる。

(1)　MAA の前駆体 4-deoxygadusol の生合成経路

　シアノバクテリアにおいて、MAA の前駆体となる物質は 4-deoxygadusol (4-DG)【図3-1】である。4-DG は、一次代謝経路であるシキミ酸経路（shikimic acid pathway）またはペントースリン酸経路（pentose phosphate pathway）の代謝中間体から生成すると考えられている。シキミ酸経路は芳香族アミノ酸であるチロシン（tyrosine）、フェニルアラニン（phenylalanine）およびトリプトファン（tryptophan）の生合成反応経路であり、動物には見られないが、微生物や植物のほとんどに存在する。ペントースリン酸経路は解糖系（glycolysis）のグルコース-6-リン酸（gucose-6-phosphate, G6P）から始まり、同じく解糖系のグリセルアルデヒド-3-リン酸（glyceraldehyde-3-phosphate, G3P）へとつながる反応経路で、各種ペントース（pentose, 五炭糖）の生成に関与する。また、ペントースリン酸経路において、1 分子の G6P から 1 分子の CO_2 と 2 分子の NADPH[*1] が生成するため、NADPH の供給源となっている。

*1: NADPH は NADP（nicotinamide adenine dinucleotide phosphate, ニコチンアミドアデニンジヌクレオチドリン酸）の還元型である。光合成経路や解糖系などで電子伝達体として用いられる。

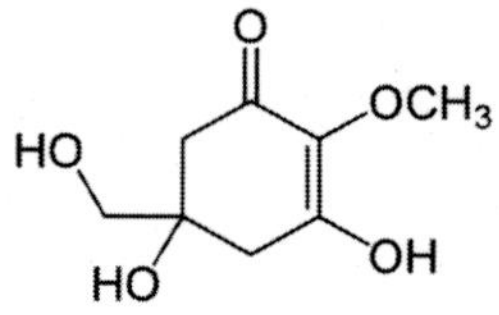

図 3-1　4-deoxygadusol（4-DG）の分子構造

シキミ酸経路からの 4-DG の生合成

シキミ酸経路において 3-デオキシ-D-アラビノヘプツロン酸 7-リン酸（2-keto-3-deoxy-D-arabinoheptulosonate-7-phosphate, DAHP）が環化して 3-デヒドロキナ酸（3-dehydroquinate, DHQ）に変換される【図 3-2】。この化学反応を進行させるのは 3-デヒドロキナ酸シンターゼ（3-dehydroquinate synthase, DHQS）である。その後、デメチル-4-ガデュソール（demethyl-4-deoxygadusol, DDG）が生成し[*2]、この物質に O–メチルトランスフェラーゼ（O–methyltransferase, O–MT）がはたらくことで、4-DG が生成すると考えられている。O–MT は、C2 位の水酸基（hydroxy group, $-OH$, ヒドロキシ基）をメトキシ基（methoxy group, $-OCH_3$）に変換する。

*2: DDG は DHQS のはたらきで生成すると考えられるが、反応機構はまだ明らかになっていない。

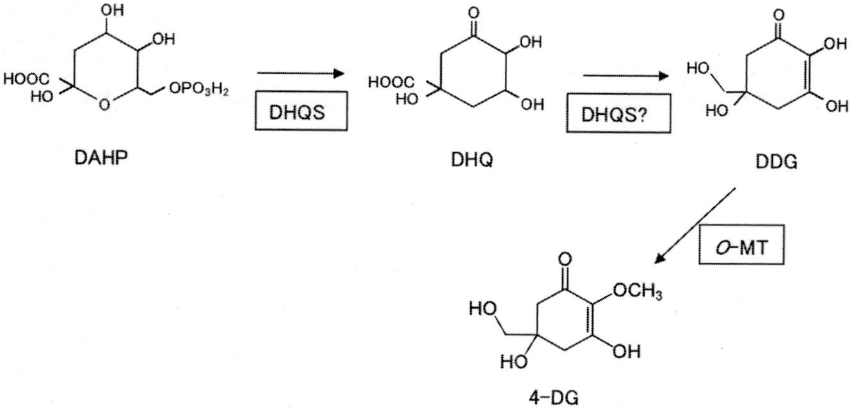

図 3-2　シキミ酸経路からの 4-DG 生合成経路

シキミ酸経路が 4-DG の生合成に関与していることは、以下の実験結果から示された。

①*Trichothecium roseum* 属菌における放射性同位体（radioisotope）を用いた取り込み実験により、DHQ がマイコスポリンのシクロヘキセノン環構造の前駆体になっていることが示された[44]。

②シアノバクテリア *Chlorogloeopsis* PCC6912 株において、シキミ酸経路の中間体であるホスホエノールピルビン酸（phosphoenolpyruvate, PEP）の前駆体であるピルビン酸（pyruvate）を ^{14}C 同位体標識して取り込ませたところ、MAA のシクロヘキセノ

ン構造中で ^{14}C 同位体が検出された [45]。

③シアノバクテリア *Chlorogloeopsis* PCC6912 株の培養中にチロシンを添加すると MAA の生合成が阻害された [45]。過剰量のチロシンは、シキミ酸経路を阻害することが知られている。

④サンゴ *Stylophora pistillata* に対して、シキミ酸経路特異的な阻害剤（inhibitor）であるグリホサート（glyphosate）で処理することにより、MAA の合成が阻害された [46]。

ゲノムマイニングによる DHQS と *O*–MT の発見

多くの生物種の全ゲノム配列が解読されており、それらのゲノム情報を比較することで特定の機能をもつ遺伝子を探索することを「ゲノムマイニング」という。シアノバクテリアにおいても多数の株のゲノム配列が公開されており、これらを利用したゲノムマイニングによって 4-DG の生合成に関与する DHQS および *O*–MT をコードする遺伝子が Singh らによって 2010 年に探索された [47]。MAA を合成可能な *Anabaena variabilis* ATCC29413（*Anabaena variabilis* PCC7937）において隣接した DHQS 遺伝子（*Ava_3858*）および *O*–MT 遺伝子（*Ava_3857*）のセットが見られたが、MAA を合成できない *Anabaena* sp. PCC7120, *Synechococcus* sp. PCC6301, *Synechocystis* sp. PCC6803 においてはこの遺伝子セットが存在しないことが明らかになり、これらが 4-DG 生合成遺伝子と推定された [47]。

ペントースリン酸経路からの 4-DG の生合成

シキミ酸経路からの 4-DG 生合成を担う DHQS 遺伝子および *O*–MT 遺伝子が特定されたのと同じ 2010 年に、ペントースリン酸経路からの 4-DG 生合成経路が報告された [48]。この経路では、ペントースリン酸経路の中間体であるセドヘプツロース-7-リン酸（sedoheptulose-7-phophate, S7P）【図 3-3】から一連の反応が始まる。まず、2-*epi*-5-*epi*-バリオロンシンターゼ（2-*epi*-5-*epi*-valiolone synthase, EVS）が S7P を基質（substrate）として 2-*epi*-5-*epi*-バリオロン（2-*epi*-5-*epi*-valiolone, EV）を介して DDG へと変換する。その後、*O*–MT が 4-DG を生成する。これらの反応は、大腸菌で発現させた後に精製したシアノバクテリア *Nostoc punctiforme* ATCC29133 由来の酵素（EVS: NpR5600, *O*–MT: NpR5599）を用いて試験管内で確かめられた [48]。その際、シキミ酸経路の中間体である DAHP を基質として反応させても 4-DG は得られなかった。ただし、シアノバクテリア細胞内では条件が整って反応が進む可能性がある。

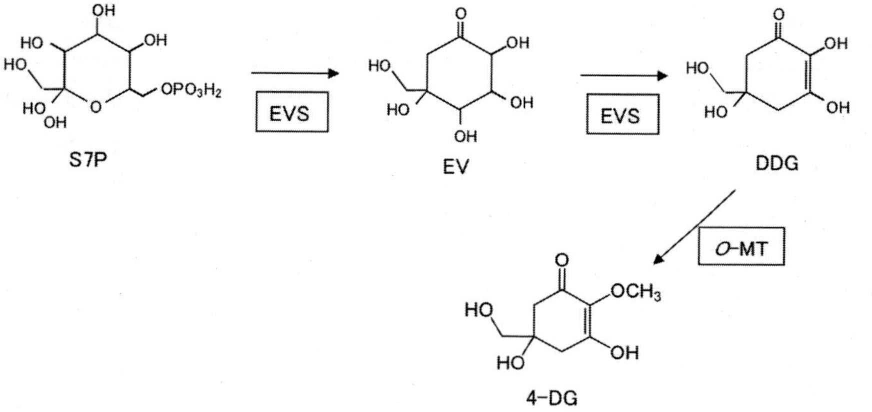

図3-3 ペントースリン酸経路からの 4-DG 生合成経路

　シアノバクテリア細胞内においては、シキミ酸経路およびペントースリン酸経路のいずれからも 4-DG が生合成される可能性がある。DHQS と EVS はともに糖リン酸シクラーゼ（sugar phosphate cyclase）のスーパーファミリー（superfamily）に分類される酵素で、相同性（homology）がある。つまり、シアノバクテリア細胞内で DHQS/EVS は DHAP（シキミ酸経路の中間体）および S7P（ペントースリン酸経路の中間体）の両方を基質として認識できる可能性がある。一方で、*Anabaena variabilis* ATCC29413 株において、DHQS/EVS をコードする *Ava_3858* 遺伝子を欠失（deletion）させた場合にも MAA の生合成能が残ることが分かっている [49]。この遺伝子欠失株に対して、シキミ酸経路の阻害剤であるグリホサートまたはフェニルアラニンによる処理を施すと MAA がつくられなくなったことから、この株ではシキミ酸経路から MAA が生合成されていたことが強く示唆されている [49]。その際には、*Ava_3858* の代替となる遺伝子がコードする酵素がはたらいていたと考えられる。一方で、*O*–MT をコードする *Ava_3857* 遺伝子を欠失（deletion）させると MAA の生合成能が失われることから、*O*–MT はシキミ酸経路とペントースリン酸経路の両方からの生合成経路で共有されていると考えられる [50]。

(2)　4-DG を前駆体とする MAA の生合成

　4-DG の C3 位の水酸基をグリシンで置換すると mycosporine-glycine が生成する。この反応を触媒するのは、ATP-grasp 酵素（adenosine triphosphate (ATP)-grasp enzyme）のスーパーファミリーに相同性をもつ酵素で、*Anabaena variabilis* ATCC29413 では *Ava_3856* 遺伝子がこれに相当する。*Ava_3856* 遺伝子は、*O*–MT をコードする *Ava_3857* 遺伝子に隣接してゲノム上に存在している。【図 3-4】に示すように、Ava_3856 蛋白質は、ATP のリン酸基を用いて 4-DG をリン酸化（phosphorylation）して活性化した後に、グリシンを 1,4 付加（1,4-addition, 共役付加）[*3]することで一置換型 MAA の mycosporine-glycine を生成する[5]。

*3: 二重結合の存在は付加反応をひきおこすことが知られている。二重結合の 1 位と 2 位に原子や分子が結合するとき、1,2 付加（直接付加）という。共役ジエンでは 1,2 付加だけでなく、1 位と 4 位に付加反応が起こる 1,4 付加（共役付加）もおこる。

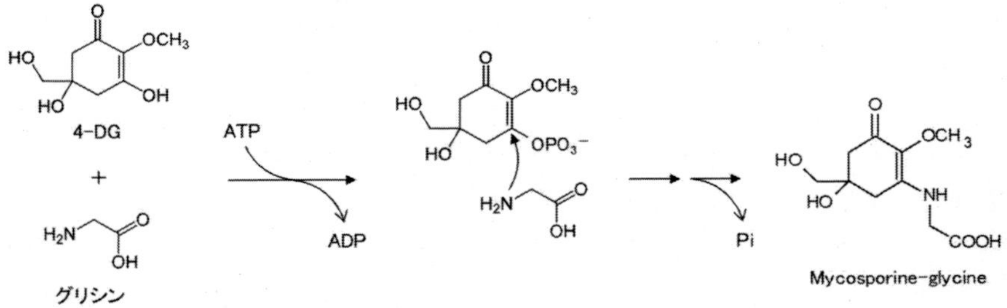

図 3-4　4-DG からの mycosporine-glycine 生合成反応

　つづいて、mycosporine-glycine に二つ目のアミノ酸が置換されることで二置換型の MAA が生成する。*Anabaena variabilis* ATCC29413 においては *Ava_3856* 遺伝子に隣接する *Ava_3855* 遺伝子がこの置換反応を触媒する酵素である非リボソーム型ペプチドシンターゼ（nonribosomal peptide synthetase, NRPS）をコードしている[*4]。Ava_3855 蛋白質は、セリンと mycosporine-glycine の縮合反応を触媒し、shinorine を生成する。この蛋白質は、アデニル化（adenylation）、チオール化（thiolation）およびチオエステル化（thioesterization）の三つのドメインから構成される。【図 3-5】に mycosporine-glycine から shinorine が生成する反応機構の概要を示す。セリンのカルボキシラートイオン（carboxylate ion, $-COO^-$）が Ava_3855 のアデニル化ドメインによりアデニル化されることで活性化し、その後

Ava_3855 のチオール化ドメイン上に共有結合する。つぎに、mycosporine-glycine の C1
位のカルボニル基（carbonyl group, R₁−C(=O)−R₂）の部分とセリンが結合する。最終段階
の C1 位のイミン（imine, R₁−C(=NR₂)−R₃）形成にはチオエステル化ドメインが関与して
いると考えられており、セリン残基中の窒素原子が C1 位に 1,4 付加することで shinorine
ができあがる。

*4: シアノバクテリア種によっては、Ava_3855 に相当する蛋白質が NRPS ではなく D-アラニル-D-
アラニンリガーゼ（D-alanine-D-alanine ligase, D-Ala-D-Ala ligase）として注釈付け（annotation, アノ
テーション）される。

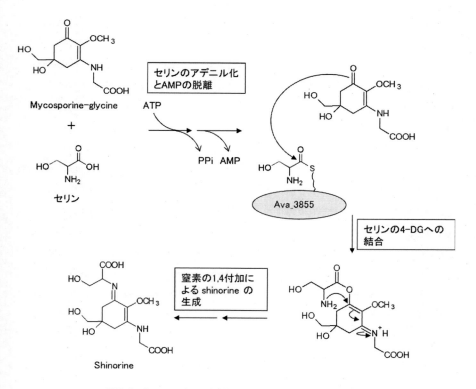

図3-5 Mycosporine-glycine からの shinorine 生合成反応

(3)　シアノバクテリアにおける MAA 生合成遺伝子クラスター

　Anabaena variabilis ATCC29413 株における shinorine 生合成遺伝子 *Ava_3858* (DHQS/EVS), *Ava_3857* (*O*–MT), *Ava_3856* (ATP-grasp), *Ava_3855* (NRPS) はゲノム中で隣接して存在しており、遺伝子クラスター (gene cluster) を形成している。前項までに述べたように、これらの 4 遺伝子がコードする酵素によって一次代謝経路であるシキミ酸経路またはペントースリン酸経路の中間体から 4-DG を経て shinorine が生合成される【図 3-6】。*Anabaena variabilis* ATCC29413 株の例がもっとも早く論文報告されたため[4,5]、このクラスター構造がシアノバクテリアの MAA 生合成遺伝子の基本型のように認識されがちだが、実際には例外が多く存在する。たとえば、*Ava_3858-3855* はそれぞれの遺伝子が同じ向きに配列しているが、*Nostoc punctiforme* ATCC29133 における *NpR5600, NpR5599, NpR5598, NpF5597* は D-Ala-D-Ala ligase をコードする *NpF5597* 遺伝子だけが逆向きの配列となっている【図 3-7】。Mycosporine-2-glycine を生合成する *Halothece* sp. PCC7418 では、*PCC7418_1078* (*O*–MT), *PCC7418_1077* (ATP-grasp), *PCC7418_1076* (D-Ala-D-Ala ligase) の 3 遺伝子はクラスターを形成しているが、DHQS をコードする *PCC7418_1590* はゲノム上のかなり離れた位置に存在しており、しかも他のシアノバクテリアの DHQS と比較すると N 末端（N-terminus）領域に余分なアミノ酸配列が存在する[24]【図 3-7】。この余剰配列の機能は今のところ未知である。*Cylindrospermum stagnale* PCC7417 では 5 遺伝子から成る遺伝子クラスターを形成している。*ANS54016, ANS54017, ANS54018, ANS54019, ANS54020* はそれぞれ DHQS, *O*–MT, D-Ala-D-Ala ligase, ATP-grasp, ATP-grasp をコードしており、ATP-grasp の重複と、ATP-grasp と D-Ala-D-Ala ligase の並び順が異なっていることがわかる。この *Cylindrospermum stagnale* PCC7417 由来の遺伝子クラスターを大腸菌に導入すると一置換型 MAA である mycosporine-lysine と mycosporine-ornithine が生合成されることから、一般的な mycosporine-glycine を介した MAA 生合成経路をとっていないと考えられた[51]。

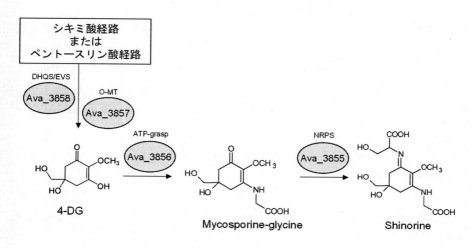

図3-6 *Anabaena variabilis*における shinorine 生合成経路

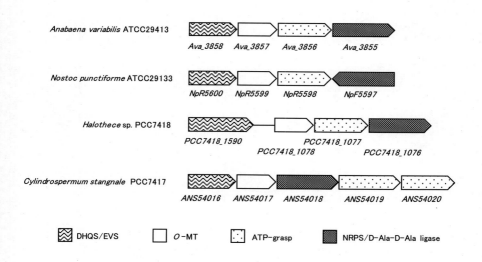

図3-7 代表的なシアノバクテリアの MAA 生合成遺伝子クラスター

　Cylindrospermum stagnale PCC7417 において見られる ATP-grasp (MysC) が重複した
MAA 生合成遺伝子クラスターは、乾燥耐性型のシアノバクテリアにおいて特異的に保
存されていることが最近明らかになった[37]。これらの ATP-grasp は、典型的なもの（MysC1）
とは系統的に別グループ（MysC2, MysC3）に分類される。【図 3-8】に示したように、
MysC3 はオルニチン（ornithine）またはリジン（lysine）と 4-DG を結合させ、mycosporine-
ornithine (M-Orn) または mycosporine-lysine (M-Lys) をつくり出す。このとき、
mycosporine-ornithine は、4-DG と結合する ornithine の部位が α アミノ基か δ アミノ基か
で異性体（isomer）が生じる。MysC2 は一方の mycosporine-ornithine の α アミノ基と 4-
DG を結合させることで mycosporine-4-deoxygadusol-ornithine (M-DO) を生成させる。最
終的に、mycosporine-ornithine と mycosporine-4-deoxygadusol-ornithine が D-Ala-D-Ala
ligase (MysD) によって連結され、mycosporine-2-(4-deoxygadusol-ornithine) (M-2-DO) が出
来上がる。

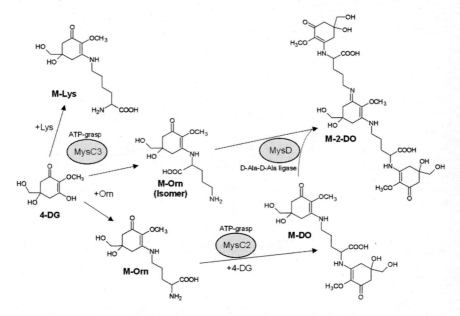

図 3-8　乾燥耐性型シアノバクテリアにおける MAA 生合成経路

　また、インドの石碑から採取された *Hassallia byssoidea* において見出された mycosporien-alanine の生合成遺伝子クラスターも特徴的な構造をとっている。このシアノバクテリアのゲノム中には、DHQS (MysA), *O*–MT (MysB), ATP-grasp (MysC) をコードする遺伝子が存在する一方で、NRPS/D-Ala-D-Ala ligase をコードする遺伝子は存在しない。その代わり、D-alanyl-D-alanine carboxypeptidase (MysD)[*5] をコードする遺伝子が存在しており、この蛋白質が mycosporine-glycine から mycosporine-alanine への変換を担っている可能性がある。反応機構としては、mycosporine-glycine のグリシン残基をアラニンへと置換する経路か、グリシン残基のメチル化による経路が提案されている[28]【図3-9】。

*5: 他のシアノバクテリア種では、D-Ala-D-Ala ligase が MysD, NRPS が MysE と命名されており、混乱しやすい。

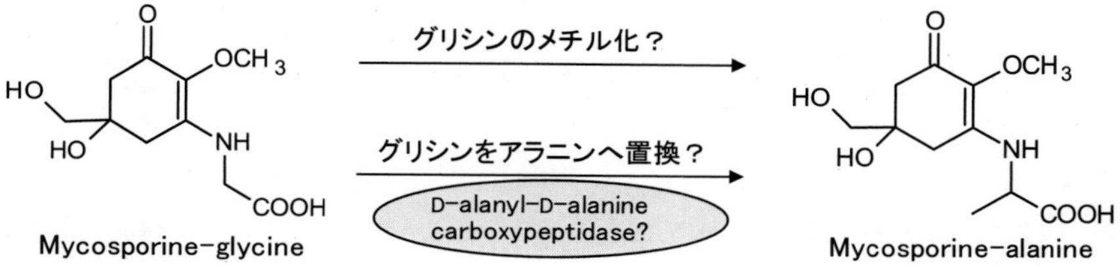

図3-9　*Hassallia byssoidea* 株における mycosporine-alanine の生合成経路

（4）　シアノバクテリア以外の生物種における MAA 生合成遺伝子

　2017 年に紅藻がシアノバクテリアの MAA 生合成遺伝子と相同性の高い遺伝子群をもつことが報告された[14]。ゲノム配列が解読された 6 種の紅藻（*Porphyra umbilicalis, Chondrus crispus, Cyanidioschyzon merolae, Galdieria sulphuraria, Porphyridium purpureum, Pyropia yezoensis*）のうち 3 種（*Porphyra umbilicalis, Chondrus crispus, Pyropia yezoensis*）が MAA 合成遺伝子群を有しており、これらの紅藻には DHQS/EVS, *O*-MT, ATP-grasp, D-Ala-D-Ala ligase すべてをコードする領域が存在した。ただし、シアノバクテリアとは異なり DHQS/EVS と *O*-MT、ATP-grasp と D-Ala-D-Ala ligase がそれぞれ融合して存在する【図3-10】。また、近縁種である *Porphyra umbilicalis* と *Pyropia yezoensis* は 2 つの融合遺伝子が互いに外向きに転写されるように配置している一方で、*Chondrus crispus* は逆向きに配置している。MAA 合成遺伝子クラスターにおいて一部の遺伝子の向きが異なる事

例はシアノバクテリアでも確認される【図 3-7】。紅藻と同様に MAA 生合成遺伝子が融合している例として、渦鞭毛藻（dinoflagellate）がある。MAA を生合成可能な渦鞭毛藻においては、DHQS/EVS と O-MT が融合した状態で存在し、ATP-grasp と D-Ala-D-Ala ligase はそれぞれ単独で存在する【図 3-10】[52]。渦鞭毛藻は二次共生（secondary endosymbiosis）を通じて紅藻から融合遺伝子を獲得した可能性が考えられる[53]。

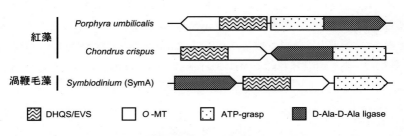

図 3-10　紅藻と渦鞭毛藻の MAA 生合成遺伝子クラスター

　MAA 生合成遺伝子を有する他生物としては、菌類、サンゴおよびイソギンチャク（sea anemone）などがある。菌類においては、DHQS, O-MT, ATP-grasp の存在は確認されているが、NRPS/D-Ala-D-Ala ligase は見られない[48]。これは、菌類において二置換型 MAA が検出されていない事実と合致する。一方で、サンゴ Acropora digitifera およびイソギンチャク Nematostella vectensis においては、フルセットの MAA 生合成遺伝子が存在する（渦鞭毛藻と同様に DHQS と O–MT が融合している）[51]。このように、サンゴやイソギンチャクは自身で MAA を生合成する潜在能力をもっている。グラム陽性菌（Gram-positive bacterium）の Actinomycetales においては、シアノバクテリアと同様に、DHQS, O–MT, ATP-grasp, D-Ala-D-Ala ligase をコードする遺伝子群が隣接してゲノム上に配列した完全な MAA 生合成遺伝子クラスターの存在が確認されている[8]。これらの細菌においては通常 MAA の蓄積は確認できないため（確認できたとしても微量である）、MAA 生合成遺伝子クラスターは機能せずに潜伏状態（cryptic state）となっている可能性が高い。この MAA 生合成遺伝子クラスターをグラム陽性菌のストレプトマイセス属（Streptomyces）に導入することで、shinorine, porphyra-334 および mycosporine-glycine-alanine の生合成が確認された[8]。このうち、mycosporine-glycine-alanine はこれまでのところシアノバクテリアでは確認されていない。

(5) 遺伝子資源としての MAA 生合成遺伝子

　シアノバクテリアを中心に見出されてた MAA 生合成遺伝子群は、MAA を生産するための遺伝子資源（gene resource）として利用可能である。たとえば、シアノバクテリアから単離された MAA 生合成遺伝子を導入することで、大腸菌で MAA を生合成させることが可能である。【表3-1】に示したように、これまでに *Anabaena variabilis* ATCC29413 [48], *Halothece* sp. PCC7418 [24], *Scytonema* cf. *crispum* [54], *Cylindrospermum stagnale* PCC7417 [51], *Nostoc linckia* NIES-25 [55] の MAA 生合成遺伝子を用いた報告がある。*Anabaena variabilis* ATCC29413 の遺伝子クラスターを導入すると shinorine の生合成がおこり、*Halothece* sp. PCC7418 の遺伝子クラスターを用いた場合は mycosporine-2-glycine がつくられる。このように、基本的には導入した遺伝子クラスターを保有するシアノバクテリアと同じ種類の MAA が宿主（host）細胞中で生合成される。一方で、*Scytonema* cf. *crispum* の遺伝子クラスターを導入した場合には *Anabaena variabilis* ATCC29413 と同様に宿主細胞において shinorine が生合成されたが、興味深いことに、*Scytonema* cf. *crispum* 自身の細胞では shinorine とともに palythine-serine および六炭糖(hexose, ヘキソース)が結合した shinorine と palythine-serine が検出された [54]。この結果は、palythine-serine と六炭糖結合型の MAA の生合成に関与する遺伝子が、*Scytonema* cf. *crispum* のゲノムにおいて、導入した遺伝子クラスター以外に存在することを示唆している。また、*Nostoc linckia* NIES-25 においては、EVS 遺伝子の近くに存在するフィタノイル CoA ジオキシゲナーゼ（phytanoyl-CoA dioxygenase)が新たな MAA 生合成遺伝子として見出された [55]。Phytanoyl-CoA dioxygenase は、shinorine, porphyra-334, mycosporine-glycine-alanine のグリシン残基を脱炭酸および脱メチル化して palythine-serine, palythine-threonine, palythine-alanine に変換していると考えられる【図3-11】。

表 3-1　大腸菌へのシアノバクテリア由来 MAA 生合成遺伝子の導入

シアノバクテリア （生合成するMAA）	導入遺伝子	宿主大腸菌で生合成される MAA
Anabaena variabilis ATCC29413 [48] (Shinorine)	*Ava_3858* (DHQS/EVS) *Ava_3857* (O–MT) *Ava_3856* (ATP-grasp) *Ava_3855* (D-Ala-D-Ala ligase)	Shinorine
Halothece sp. PCC7418 [24] (Mycorsporine-2-glycine)	*PCC7418_1590* (DHQS/EVS) *PCC7418_1078* (O–MT) *PCC7418_1077* (ATP-grasp) *PCC7418_1076* (D-Ala-D-Ala ligase)	Mycosporine-2-glycine
Scytonema cf. crispum [8] (Shinorine, Palythine-serine, Pentose-bound shinorine, Pentose-bound palythine-serine)	*MysA* (DHQS) *MysB* (O–MT) *MysC* (ATP-grasp) *MysE* (NRPS)	Shinorine
Cylindrospermum stagnale PCC7417 [51] (報告なし)	*ANS54016* (DHQS) *ANS54017* (O–MT) *ANS54018* (D-Ala-D-Ala ligase) *ANS54019* (ATP-grasp) *ANS54020* (ATP-grasp)	Mycosporine-lysine Mycosporine-ornithine

前頁からのつづき

シアノバクテリア (生合成するMAA)	導入遺伝子	宿主大腸菌で生合成される MAA
Nostoc linckia NIES-25 [55] (Shinorine)	*NIES25_64110* (Phytanoyl-CoA dioxygenase) *NIES25_64130* (EVS) *NIES25_64140* (O–MT) *NIES25_64150* (ATP-grasp) *NIES25_64160* (D-Ala-D-Ala ligase)	4-DG Mycosporine-glycine Shinorine Porphyra-334 Mycosporine-glycine-alanine Palythine-serine Palythine-threonine Palythine-alanine
Nostoc flagelliforme [25] [37] (Mycosporine-2- (4-deoxygadusol- ornithine))	*MysA* (DHQS/EVS) *MysB* (O–MT) *MysD* (D-Ala-D-Ala ligase) *MysC2* (ATP-grasp) *MysC3* (ATP-grasp)	4-DG Mycosporine-lysine Mycosporine-ornithine mycosporine-4-deoxygadusol-ornithine (*MysABC2C3*導入の場合)

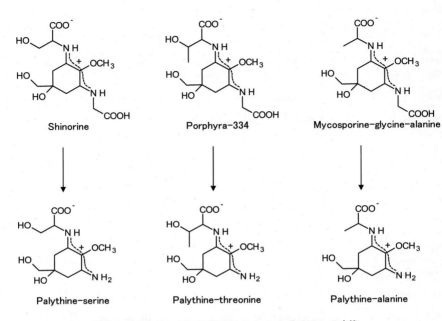

Shinorine　　　　Porphyra-334　　　　Mycosporine-glycine-alanine

Palythine-serine　　　　Palythine-threonine　　　　Palythine-alanine

図 3-11　Phytanoyl-CoA dioxygenase による MAA の変換

(6)　NRPS/D-Ala-D-Ala ligaseの基質特異性

　シアノバクテリアにおける一般的なMAA生合成経路では、二置換型MAA は mycosporine-glycineを基にしてつくられる【図3-6】。シアノバクテリアでもっとも頻繁に 検出されるMAAはshinorineだが、種によって様々な構造の二置換型MAAが生合成され る。この多様性を生み出しているのはNRPS/D-Ala-D-Ala ligaseだと考えられる。たとえ ば、*Nostoc linckia* NIES-25のD-Ala-D-Ala ligaseであるNIES25_64160 (MysD) の組み換え 蛋白質（recombinant protein）を調製し、試験管内で20種類の各種アミノ酸、mycospoeine- glycineおよびATPとともに反応させると、アラニン（alanine）、アルギニン（arginine）、 システイン（cysteine）、グリシン（glycine）、セリン（serine）、スレオニン（threonine）の 6種類のアミノ酸のみと反応して、それぞれmycosporine-glycine-alanine, mycosporine- glycine-arginine, mycosporine-glycine-cysteine, mycosporine-2-glycine, shinorine, protphyra-334 が生成したという報告がある[55][*6]。また、*Anabaena variabilis* ATCC29413において

mycosporine-glycineにセリンを付加してshinorineを合成するAva_3855蛋白質 (NRPS) は、試験管内の実験においてセリンの代わりにスレオニンを用いて反応させた場合には触媒機能を果たさず、porphyra-334を合成することはできない[48]。NRPS/D-Ala-D-Ala ligaseの基質特異性の仕組みが蛋白質構造レベルで明らかになれば、NRPS/D-Ala-D-Ala ligaseのアミノ酸配列をデザインすることで、好みの二置換型MAAの構造を自在につくることができるようになるかもしれない。MAAはその分子構造によって各種活性が異なり、応用利用する際には用途に最も適した構造のMAAを生産するのが理想的であるから、NRPS/D-Ala-D-Ala ligaseの基質特異性の解明は大変興味深い研究課題である。2023年には、出芽酵母*Saccharomyces cerevisiae*にシアノバクテリア*Lyngbya* sp., *Nostoc linckia*, *Euhalothece* sp. 由来のNRPS/D-Ala-D-Ala ligaseを導入することで、それぞれ shinorine, porphyra-334, mycosporine-2-glycine の生産に成功した例が報告されており[56]、今後の展開が期待される。

*6: 6種類のアミノ酸のうち、セリンとスレオニンが他のアミノ酸と比較して圧倒的に反応性が高く、NIES25_64160 (MysD)との親和性が高いことが明らかになっている。

２．MAA 生合成経路の制御機構

　生体内での MAA の蓄積レベルは様々な環境要因の影響を受けて変動する。しかしながら、MAA 生合成経路に関与する遺伝子発現（gene expression）や酵素の翻訳後制御（post-translational regulation）などの分子メカニズムは未だほとんど明らかになっていない。2 章でもある程度述べたが、ここでは MAA の蓄積に対する非生物的ストレス（abiotic stress）の効果についてシアノバクテリアを中心に概説する。

(1)　UV 照射ストレス

　UV 照射は一般的に MAA の蓄積を促進させる効果がある。このことは、MAA が生体内で UV 防御の一端を担っていることを間接的に示している。シアノバクテリアを用いた研究報告から、UV-A 照射と比較して、UV-B 照射の方が大きい効果をもつことがわかっている。UV-B 照射によって *Anabaena doliolum, Anabaena variabilis* ATCC29413, *Anabaena* sp., *Nodularia,* *Chlorogloeopsis* PCC6912, *Nostoc commune, Scytonema* sp, *Halothece* sp. PCC7418, *Nostoc flagelliforme* など多数のシアノバクテリア種において MAA の蓄積誘導がおこる【表 2-1】。*Nostoc flagelliforme* においては、MAA 生合成遺伝子クラスター（*MysABDC2C3*）の UV-B 照射に対する転写発現応答が逆転写 PCR（reverse transcription polymerase chain reaction (PCR), RT-PCR）解析により調べられており、クラスターに含まれる 5 つすべての遺伝子発現が上昇することが明らかになっている[25]。この MAA 生合成遺伝子クラスターの上流に存在する UV-B 応答性のプロモーター領域も大まかに決められている[25]。シアノバクテリア以外でも、酵母（yeast）、大型藻類（macroalgae）、ハプト藻（haptophyta）、珪藻（diatom）および渦鞭毛藻類（dinoflagellate）のような海洋性の微細藻類（microalgae）などにおいて UV 照射による MAA の誘導が確認されている[57][58][59][60]。シアノバクテリアにおける UV-B 受容体としてはプテリン【図 2-3】が候補因子として提案されているが、これまでのところ UV-B 照射シグナルの伝達経路や MAA 生合成遺伝子発現との関連性は見出されていない[61]。*Nostoc commune* においては UV 照射によって水ストレス蛋白質（water stress protein）の生合成と分泌が促進されることが示されている[62]。水ストレス蛋白質は *Nostoc commune* において細胞外基質（extracellular matrix）を三次元的に変化させることで、MAA やシトネミンを含む UV 吸収物質の輸送や拡散において重要な役割を担っていると考えられている。

(2) 塩ストレスおよび浸透圧ストレス

耐塩性シアノバクテリア *Halothece* sp. PCC7418 株においては、NaCl ストレスによっ
て mycosporine-2-glycine の蓄積量が増加することが明らかにされている [24]。また、この
シアノバクテリアでは NaCl ストレスに対する mycosporine-2-glycine 生合成遺伝子の発
現応答が調査されている。RT-PCR 解析により、mycosporine-2-glycine の生合成に関与す
る *PCC7418_1590* (DHQS), *PCC7418_1078* (*O*–MT), *PCC7418_1077* (ATP-grasp),
PCC7418_1076 (D-Ala-D-Ala ligase) の 4 遺伝子すべての発現量が NaCl ストレスによっ
て顕著に増加することが示された [24]。本章 1 (3) で述べたように、これらの遺伝子は、
ゲノム上の位置が *PCC7418_1590* と *PCC7418_1078-1076* で離れている【図 3-7】。
PCC7418_1590 遺伝子と *PCC7418_1078* 遺伝子の上流の数百塩基を含んだ四つすべての
遺伝子領域の配列を導入すると、大腸菌内で mycosporine-2-glycine を生合成させること
ができる【図 3-12】。この大腸菌に NaCl ストレスを施すことで、mycosporine-2-glycine の
生合成が誘導されるとともに DHQS と D-Ala-D-Ala ligase の蓄積量が増加することが確
認されている [24]。そのため、*PCC7418_1590* 遺伝子と *PCC7418_1078* 遺伝子の上流領域
には NaCl ストレス応答性のプロモーター（promoter）や転写制御配列が含まれていると
考えられる。シアノバクテリア以外でも、海洋性渦鞭毛藻類の *Gymnodinium catenatum* に
おいて MAA の蓄積量が海水塩濃度の上昇とともに増加することが示されている [63]。ま
た、紅藻 *Porphyra columbina* は、アンモニウム塩を添加して培養することで MAA の蓄
積量が増加することが知られている [64]。

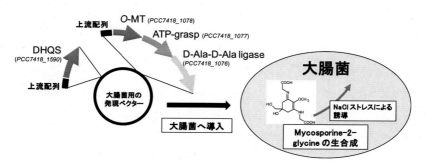

図3-12. *Halothece* sp. PCC7418 株由来の MAA 生合成遺伝子群の大腸菌への導入

(3)　その他の非生物的要因

栄養物濃度

　周囲環境の栄養物（nutrient）濃度も MAA の生合成に影響することが知られている。たとえば、耐塩性シアノバクテリア *Halothece* sp. PCC7418 株においては、硝酸塩の過剰供給が mycosporine-2-glycine の生合成量に影響するという報告がある [29]。また、シアノバクテリア *Anabaena variabilis* ATCC29413 株において硫黄（sulfer）の欠乏が MAA の構成を変化させるという報告がある [65]。このシアノバクテリアは通常 shinorine のみを蓄積するが、硫黄を欠乏させると新たに palythine-serine をつくり始める。Palythine-serine は shinorine が脱炭酸反応（decarboxylation）と脱メチル反応（demethylation）を経て生成すると考えられている【図 3-13】[66]。シアノバクテリア細胞内における shinorine から palythine-serine への変換を担う酵素としては、グリシンデカルボキシラーゼ（glycine decarboxylase）が提案されている [65]*7。硫黄欠乏条件の培養液に硫黄を含むアミノ酸であるメチオニン（methionine）を添加すると palythine-serine の生合成が止まることから、硫黄欠乏条件下において shinorine 由来のメチル基（methyl group, $-CH_3$）はメチオニンの再生に関与している可能性がある [65]。メチオニンはホモシステイン（homocysteine）に 5-メチルテトラヒドロ葉酸（5-methyltetrahydrofolate, 5-methyl THF）由来のメチル基が渡されることによって生成する【図 3-14】。硫黄欠乏条件下では、メチオニンとその誘導体である *S*-アデノシルメチオニン（*S*-adenosylmethionine, SAM）の細胞内濃度が減少する一方で、ホモシステインの濃度が増加することが知られている。硫黄が欠乏してメチオニンの濃度が減少すると、shinorine 由来のメチル基がテトラヒドロ葉酸（tetrahydrofolate, THF）をメチル化することで 5-methyl THF を生成し、5-methyl THF のメチル基がホモシステインに渡されてメチオニンが生成すると推定されている。

*7: 本章 1 (5) で既に述べたように、フィタノイル CoA ジオキシゲナーゼがこの反応を担う酵素であることが実験的に示されている。この酵素を大腸菌細胞に導入することによって、shinorine, porphyra-334 および mycosporine-glycine-alanine がそれぞれ palythine-serine, palythine-threonine, palythine-alanine に変換されるという結果が得られている。

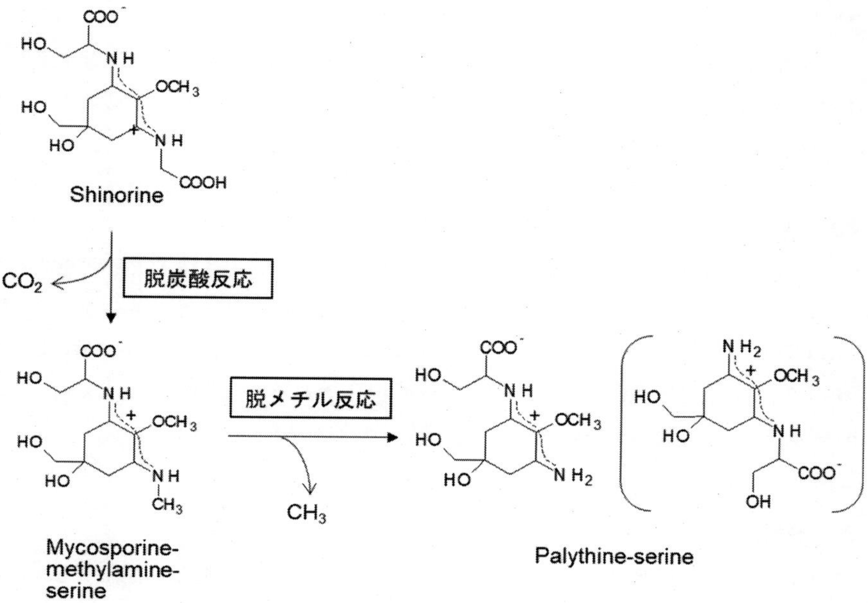

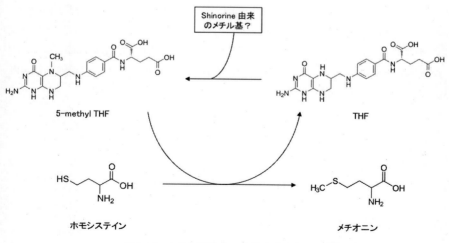

図3-13　Shinorine からの palythine-serine 生成経路

図3-14　ホモシステイン からのメチオニン再生

温度

　第 2 章 3 (3)で述べたように、シアノバクテリアおよびサンゴにおいては温度変化が MAA の蓄積量を変化させるという報告がある。しかしながら、その制御機構については不明であり、今後、より詳細な解析が必要である。

遠赤色光

　遠赤色光（far-red, FR）がシアノバクテリアの MAA 生合成に影響を与える可能性があることが報告されている [67]。FR は、一般的に 700〜800nm の波長域の光を指す。この報告によると、糸状性シアノバクテリア *Chlorogloeopsis fritschii* PCC6912 の MAA 生合成遺伝子の発現が、UV 照射によってのみならず、FR 照射によっても上昇した。 また、shinorine および mycosporine-glycine の蓄積増加も両方の条件下で確認された。

３．MAA の局在

　MAA は基本的に細胞質に局在することが知られているが、細胞外に存在するケースも確認されている。単細胞性の淡水性シアノバクテリア *Microcystis aeruginosa* PCC7806 では shinorine が細胞外多糖マトリックス（extracellular polysaccharide, EPS）に局在し、EPS の形成や細胞どうしの相互作用に関与していることが示唆された [34]。珪藻（diatom）においては、細胞を被っている被殻（frustule）構造中に shinorine, porphyra-334, palythine, asterina-330, palythinol および palythinic acid が存在していることが報告されている [68]。また、シアノバクテリア *Trichodesmium* spp. [69] および渦鞭毛藻類の *Lingulodinium polyedra* [70] と *Prorocentrum micans* [71] においては藻類ブルーム（algal bloom）がおこった際に MAA が周囲の水に分泌（溶出）される。

第4章

MAA の分析と分取

1．MAA の分析と同定
2．MAA の分取と生産

1．MAA の分析と同定

(1)　MAA の HPLC 分析

藻類やシアノバクテリアに蓄積している MAA を分析する際は、一般的に、メタノール（methanol）などで抽出したサンプルを高速液体クロマトグラフィー（high performance liquid chromatography, HPLC）を用いて分離（separation）して対象 MAA の吸収極大に近い波長で検出する。MAA の分析には逆相クロマトグラフィー（reversed-phase chromatography, RPC）とよばれる手法を用いるのが普通である [66 72 73]。RPC で用いるカラムの充填剤（column packing material）としては、シリカゲル（silica gel）にアルキル基（alkyl group）などを化学結合させたものが多く、最も汎用されているのはオクタデシルシリル（octa decyl silyl, ODS, $C_{18}H_{37}Si$）基で修飾されたシリカゲルを充填した ODS カラム（C18 カラム）である。オクタデシルシリル基は極性（polarity）が小さいため、極性が小さく疎水性が高い物質ほど ODS カラムと強く相互作用（interaction）し、カラムから溶出されるのに時間がかかる。反対に、極性が大きく親水性が高い物質は相互作用が弱く、早く溶出される。この性質を利用して、混合溶液中に含まれる目的物質を分離することができる。MAA は構造的に互いによく似たものが存在するが、わずかな構造の違いでも分離が可能である。たとえば、【図 4-1】に示した shinorine, mycosporine-2-glycine, porphyra-334 は基本構造の C1 位に置換されたアミノ酸残基がそれぞれセリン、グリシン、スレオニンであり、構造的にはよく似ている。これら三つの MAA の混合溶液を ODS カラムを用いて分析した例が【図 4-2】である。はじめに shinorine が溶出し、つづいて mycosporine-2-glycine、最後に porphyra-334 が溶出する。この結果は、つぎのように理由づけができる。まず、shinorine と mycosporine-2-glycine の構造を比較すると、shinorine のセリン残基中に親水性の水酸基が存在している【図 4-1】。これが影響することで、shinorine のカラムへの保持が弱くなっていると考えられる。また、porphyra-334 のスレオニン残基中にも shinorine と同じく水酸基が存在するが、その近くに存在するメチル基が大きく影響していると考えられる【図 4-1】。メチル基は疎水性であり、これが porphyra-334 とカラム充填剤との相互作用を高め、保持時間が長くなると思われる。【図 4-2】の例では、移動相（mobile phase）として 1% 酢酸（acetic acid）水溶液を使用したが、同じカラムを用いても移動相として用いる溶媒によって分離パターンが異なる。汎用的に使用できる MAA の分析手法がこれまでにいくつか提案されているが、分析対象物質にあ

わせて最適な分離条件を見出すことが重要である。

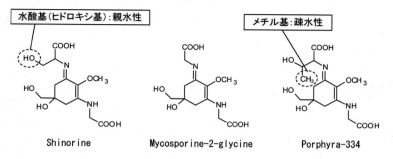

図4-1 Shinorine, mycosporine-2-glycine, porphyra-334 の分子構造

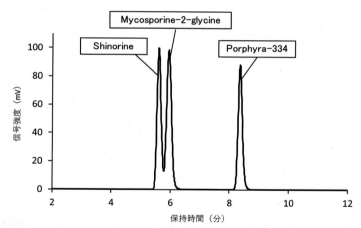

図4-2 Shinorine, mycosporine-2-glycine, porphyra-334 の混合溶液の HPLC クロマトグラム

（2） MAA の分子構造の決定

HPLC による分析で MAA の種類を決定する際には、基準試料（authentic sample）との保持時間（retention time）の一致を確認するのが基本である。これに加えて、実試料と基準試料を混合して分析したときに重なったピークの形状が変化せず、さらに、移動相の種類などの分析条件を変えても同様の結果が得られる場合には、目的物質が基準試料と同物質と考えてよいだろう。そうでない場合には、幾つかの手法を組み合わせて MAA

の分子構造を決定することになる。手法としては、吸収極大波長の測定、質量分析法
（mass spectrometry, MS）による分子量の決定、アミノ酸分析（amino acid analysis）による
MAA に含まれるアミノ酸置換基の同定、核磁気共鳴（nuclear magnetic resonance, NMR）
による分子構造の解析などがある。

MAA の吸収極大波長

　MAA の分子構造によって異なる値を示す吸収極大波長は分光光度計を用いて簡単に
調べることができる。しかしながら、吸収極大波長の値が非常に近い MAA 種が存在す
るため、この情報だけで MAA の構造を推定するのは難しい【図 4-3】。また、第 1 章 2
で述べたように、溶解した溶媒の種類や pH によって吸収極大波長の値が変化する可能
性があるため、注意が必要である。

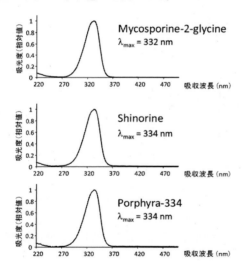

図 4-3　Shinorine, mycosporine-2-glycine,
porphyra-334 の吸収スペクトル
（参考文献 73 より改変）

MAA の分子量

　質量分析によって得られる分子量の情報は、MAA の同定プロセスにおいて重要であ
る。MAA の分析においては、HPLC と質量分析を組み合わせた液体クロマトグラフィー
質量分析法（liquid chromatography – mass spectrometry, LC/MS）が最も汎用されている。
【図 4-4】に *Nostoc commune* から単離した 7-O-(β-arabinopyranosyl)-porphyra-334（478-Da
MAA）の LC/MS 解析例を示す。

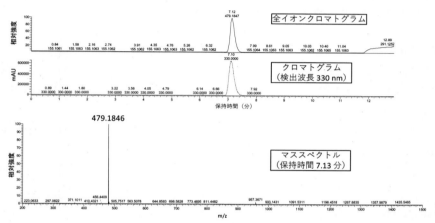

<HPLC 条件＞
溶離液 A：0.1%ギ酸（水溶液）
溶離液 B：0.1%ギ酸（アセトニトリル溶液）
カラム：InertSustain® AQ-C18, 1.9μm, 2.1 mmID x 150 mm
グラジエント：2%B, 0-5 min
　　　　　　95%B, 6-10 min
　　　　　　2%B, 10.5-25min

<MS 条件＞
LTQ Orbitrap Discovery, ESI+
Source Voltage (kV): 4.0
Sheath Gas Flow Rate: 30.0
Aux Gas Flow Rate: 10.0
Sweep Gas Flow Rate: 0.0
Capillary Temp (C): 275
Capillary Voltage (V): 10
Tube Lens Voltage (V): 80

図 4-4　478-Da MAA の LC/MS 解析

MAA に含まれるアミノ酸残基

　同定対象の MAA 分子にアミノ酸残基が含まれている場合は、加水分解処理して遊離させたアミノ酸残基をアミノ酸分析によって同定できる。アミノ酸分析法は既に確立しており、全自動装置も存在する。

未知 MAA の分子構造決定

　未知の MAA の分子構造は NMR 法により解析されるのが一般的である。NMR 法では、強い磁場の中に試料を置き、パルス状のラジオ波を加えることで分子中の原子核が共鳴現象を起こす性質を利用して有機化合物の分子構造などを解析する。試料の純度も定量することができる。下に例として shinorine, poriphyra-334 および mycosporine-2-glycine のメタノール-d_4 溶液の ^{1}H NMR および ^{13}C NMR データ[73]を示す。

Shinorine

^{1}H NMR (600 MHz, Methanol-d_4) δ ppm 4.22 (1 H, dd, J = 7.1, 3.8 Hz), 3.90–3.98 (3H, m), 3.80 (1H, dd, J = 11.5, 7.1 Hz), 3.70 (3H, s), 3.48, 3.45 (2H, ABq, J = 11.4 Hz), 2.98 (1H, d, J = 17.2 Hz), 2.89 (1H, d, J = 17.2 Hz), 2.72 (1H, d, J = 17.2 Hz), 2.65 (1H, dd, J = 17.2, 0.9 Hz).

^{13}C NMR (151 MHz, Methanol-d_4) δ ppm 174.4, 174.1, 161.3, 160.4, 127.3, 72.3, 69.5, 65.1, 62.1, 59.9, 47.9, 35.4, 34.8.

HRMS (ESI-TOF$^+$) m/z: calcd. for $C_{13}H_{21}N_2O_8$ [M + H]$^+$: 333.1292, found: 333.1290.

Porphyra-334

^{1}H NMR (600 MHz, Methanol-d_4) δ ppm 4.14 (1H, dt, J = 11.9, 6.1 Hz), 3.91-3.98 (3H, m), 3.70 (3H, s), 3.47, 3.45 (2H, ABq, J = 11.3 Hz), 2.93 (1H, d, J = 17.2 Hz), 2.89 (1H, d, J = 17.2 Hz), 2.67 (2H, m), 1.24 (3H, d, J = 6.4 Hz).

^{13}C NMR (151 MHz, Methanol-d_4) δ ppm 175.2, 174.1, 161.6, 160.4, 127.3, 72.3, 69.8, 69.5, 65.9, 60.0, 48.0, 35.2, 34.9, 21.0.

HRMS (ESI-TOF$^+$) m/z: calcd. for $C_{14}H_{23}N_2O_8$ [M + H]$^+$: 347.1449, found: 347.1449.

Mycosporine-2-glycine

^{1}H NMR (600 MHz, Methanol-d_4) δ ppm 3.91, 3.93 (4H, ABq, J = 17.4 Hz), 3.67 (3H, s), 3.47 (2H, s), 2.88 (4H, d, J = 17.4 Hz), 2.66 (4H, d, J = 17.4 Hz).

^{13}C NMR (151 MHz, Methanol-d_4) δ ppm 174.1, 161.1, 127.2, 72.3, 69.5, 59.8, 47.9, 34.9.

HRMS (ESI-TOF$^+$) m/z: calcd. for $C_{12}H_{19}N_2O_7$ [M + H]$^+$: 303.1187, found: 303.1184.

　MAA の分子構造を決定した例として、名城大学の研究グループは、マトリックス支援レーザー脱離イオン化法－飛行時間型（matrix-assisted laser desorption/ionization time-of-flight mass spectrometry, MALDI-TOF MS）とアミノ酸分析を行うことで、耐塩性シアノバクテリア *Halothece* sp. PCC7418 の細胞中から得られた MAA が mycosporine-2-glycine であることを示した [24]。Mycosporine-2-glycine は典型的な分子構造をとる MAA であり、既に他の耐塩性シアノバクテリアを用いた解析により mycosporine-2-glycine の分子量、分子構造、吸収極大などの情報が公開されていたため [31]、比較的簡単に同定されたといえる。一方で、新規の MAA の分子構造を推定する際は NMR による解析が必須となる。

また、複雑な構造をとる MAA の構造決定は簡単ではない。たとえば、金沢大学の研究グループは、*Nostoc commune* から単離したある MAA をつぎのように多くの解析手法を順次行うことで同定している。まず、MALDI-TOF 質量分析によって分子量を 478 Da と決定し、つぎに赤外分光法（infrared (IR) spectroscopy）、MALDI-TOF MS/MS、NMR 法による解析を行うことでこの MAA が porphyra-334 とペントース（五炭糖）から構成されることが推定された [74]。最後に、GC/MS[*1] 分析により、この MAA を加水分解して遊離したペントースがアラビノース（arabinose）であることを示し、対象の MAA を 7-*O*-(β-arabinopyranosyl)-porphyra-334 と決定した [40]。

*1: GC/MS はガスクロマトグラフィーと組み合わせたガスクロマトグラフィー質量分析法（gas chromatography-mass spectrometry）を表す。

２．MAA の分取と生産

(1) MAA の分取

それぞれの MAA の性質を調査するためには、対象 MAA を生体から単離精製する必要がある。MAA は高い水溶性を示すため、分離過程で多様な水溶性物質が不純物として混入しやすく、高純度で獲得するのは簡単ではない。各研究グループがそれぞれの手法を用いて MAA を精製している。基本的には上で述べた HPLC 分析と同様の方法を分取用途にスケールアップすることで対応している。

MAA の抽出

MAA を抽出する際は、まず溶媒中で生体を化学的または物理的に破砕する。もしくは生体を予め乾燥粉末に加工しておき、これに溶媒を加えて抽出する。MAA は水溶液に対して溶解しやすい性質を示すため、溶媒としては極性溶媒であるメタノールやエタノールの水溶液が頻繁に用いられる。シアノバクテリアから MAA を抽出する際は、メタノール（市販の試薬なら質量分率で 99.5~99.8%）が汎用的に使用できるようだ [73]。一方で、紅藻においては株種の違いによって MAA の抽出に最適な極性溶媒の組成が異なることが報告されており、条件検討が必要となる [11]。物理的処理を施す場合は、超音波処理やミキサーによる組織破砕処理などが選択肢として挙げられる。抽出時の温度も抽出効率に影響する。

クロマト分離

　遠心分離などで細胞片や組織片を除去した後に、抽出液を内径 20~50 mm 程度のカラムを用いた分取 HPLC によって目的の MAA を単離精製することが多い。低圧液体クロマトグラフィー（low pressure liquid chromatography）を用いて低コスト化を提案した文献もある [73]。液体クロマトグラフィーにおいては逆相モードで運転する場合がほとんどだが、逆相モードにおける移動相には酢酸やトリフルオロ酢酸（trifluoroacetic acid, TFA）などが含まれていることが多い。これらの物質が精製後の用途において支障をきたす場合は、最後にゲルろ過クロマトグラフィー（gel filtration chromatography）で用途に適した溶媒に置換するといった工夫が必要である。

　逆相モードだけではなく、イオン交換（ion exchange）モードを用いて分離したり、活性炭カラムに MAA を吸着させて不純物を除去した例がある [8]。また、分取薄層クロマトグラフィー（preparative thin-layer chromatography (TLC)）を用いた例もある [75]。

実践例

　【図 4-5】に耐塩性シアノバクテリア *Halothece* sp. PCC7418 から mycosporine-2-glycine を分取する際の手順 [73] を示す。

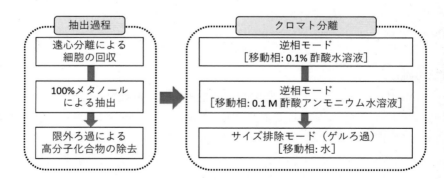

図 4-5.　*Halothece* sp. PCC7418 からの mycosporine-2-glycine の分取手順
（実際の手順よりも簡略化してある。）

(2)　MAA の生産

　MAA がもつ有用活性を考慮すると、MAA は基礎研究の対象としてだけでなく、化粧品および医薬品分野の産業レベルでも注目されうる。実際に、MAA に関連する多くの特許が日本を含む世界中で出願されている [76]。産業用途を目指す場合、MAA の生産戦略が重要になる。シアノバクテリアのような生育速度の速い光合成微生物を生産プラットフォームとして用いることは、持続可能な生産（sustainable production）の観点から魅力的である。シアノバクテリアは、野外プールや実験室内で構築した閉鎖培養系などさまざまなシステムで培養できる [77]。しかしながら、著者の知る限り、産業用 MAA 生産のための大規模シアノバクテリア培養システムの構築は現在のところ実現していない。たとえば、著者らが耐塩性シアノバクテリア *Halothece* sp. PCC7418 株から mycosporine-2-glycine を精製した際には、1 L の培養液あたり 1 mg 程度しか mycosporine-2-glycine を含有しておらず、精製すると約 350 μg の収量にしかならない。

　あるいは、第 3 章の 1 (4) で述べたように、シアノバクテリアの MAA 生合成遺伝子を他の宿主細胞に導入して MAA を効率よく生産可能な微生物を創り出すことを検討するのも一つの手段である。宿主細胞としては大腸菌がよく用いられる。筆者らが *Halothece* sp. PCC7418 株の mycosporine-2-glycien 生合成遺伝子を導入した大腸菌を用いて条件検討を行ったところ、最大で 1 L の培養液あたり約 750 μg の mycosporine-2-glycine の細胞内蓄積が確認できた。これは耐塩性シアノバクテリア *Halothce* sp. PCC7418 株を用いた値（1 mg/L）よりも低い値となるが、大腸菌の生育速度は *Halothce* sp. PCC7418 株よりも圧倒的に速いため、メリットは大きい。大腸菌以外の生物の使用も検討の余地がある。例として、出芽酵母 *Saccharomyces cerevisiae* の培養液 1 L あたり 68.4 mg の shinorine を生成した事例がある [78]。この培養系には shinorine の前駆体となるセドヘプツロース-7-リン酸（sedoheptulose-7-phophate, S7P）の生成を増加させるためのキシロース（xylose）と、増殖を促すためのグルコース（glucose）を培養液に添加している。さらに、解糖系においてグルコースのリン酸化反応の触媒作用を示すヘキソキナーゼ（hexokinase）を欠失させた株を用いている。これにより、解糖系からペントースリン酸経路へと炭素フラックス（carbon flux）が方向転換し、グルコースが効率よく S7P へと変換されるようだ（MAA の生合成経路の詳細については第 3 章を参照のこと）。さらに、2023 年には同じく *Saccharomyces cerevisiae* を用いて培養液 1 L あたり 1.53 g の shinotine, 1.21 g の porphyra-334 の生産に成功したという報告がなされた [56]。この報告においても、遺伝子

工学的な手法を用いることで S7P の蓄積量を増加させる戦略をとり、MAA の効率的な生産を実現している。別の例として、MAA を微生物培養液の細胞外培養液画分から MAA を獲得する手法も提案されている [79]。実践例も示されており、宿主微生物としてストレプトミセス属放線菌 *Streptomyces avermitilis* を用いた場合、二週間培養した後の細胞外培養液中に shinorine, porphyra-334 および mycosporine-glycine-alanine がそれぞれ約 1400, 140 および 25 mg/L 含まれていたとある。

　また、大量生産を目指すためには、大量の生体や培養液からの MAA の単離精製プロセス開発も必要である。液体クロマトグラフィーによる分離だけでなく、吸着（adsorption）、固相抽出（solid phase extraction, SPE）、晶析（crystallization）など他の分離方法の検討を行う余地がある。近年では、一般的なカラムを用いずに液液抽出（liquid-liquid extraction）の原理を利用してサンプルを分離する向流遠心クロマトグラフィー（fast centrifugal partition chromatography）を応用した MAA の分離手法も提案されている [80]。

第5章

MAA の活性と応用事例

1．UV 防御能とサンスクリーン剤原料
としての応用
2．抗酸化能
3．抗炎症作用
4．抗糖化活性
5．コラゲナーゼ活性阻害能
6．キレート化能
7．DNA 保護能
8．創傷治癒作用
9．抗がん作用
10．抗ウイルス作用
11．園芸への応用
12．フィルム素材としての応用

1．UV 防御能とサンスクリーン剤原料としての応用

(1)　基本事項

　UV 光線に晒されることで皮膚はダメージを受ける。その作用機序は光線の波長によって異なる。太陽光線に含まれる UV 光線のうち、地表まで到達するのは UV-A (315-400 nm) と UV-B (280-315 nm) で、なかでも UV-A はその 95%を占める。

UV-A

　UV-A は、UV-B と比較してエネルギーは弱いが、照射量が多いため、皮膚に与える影響は大きい。皮膚に照射された UV-A は真皮にまで到達し、皮膚のハリや弾力を生み出しているコラーゲン (collagen) やエラスチン (elastin) の機能に支障をきたす【図 5-1】。コラーゲン、エラスチンを産生する線維芽細胞に対してもダメージを与える。結果として、皮膚のハリや弾力を消失させ、シワやたるみを発生させる。また、メラノサイト (melanocyte) を活性化することでメラニン (melanin) 色素の生合成を促進し、シミの原因をつくり出す。これらの作用を光老化 (photoaging) という。

<UV-A の特徴と皮膚への影響>
・地表に届く UV 光線の大半を占める。
・エネルギーは弱いが、長期間の暴露により慢性的なダメージをもたらす。
・波長が長く、真皮まで到達する。
・シワ、たるみ、シミの原因となる。

UV-B

　UV-B は、地表に届く UV 光線の約 5%に過ぎないが、エネルギーが高い。到達深度は浅く、表皮までしか到達しない【図 5-1】。表皮細胞中の DNA を損傷させるため、長期間の暴露で皮膚がんの発症リスクが高まる[*1]。短時間の暴露によっても炎症 (inflammation) 反応を引きおこし、皮膚が赤くなる。これをサンバーン (sunburn) という。また、暴露の数日後にメラニン色素が沈着することで皮膚が褐色化するサンタン (suntan) を引きおこす。シミ、ソバカスの原因にもなる。

*1: UV-A も間接的に DNA にダメージを与えることが知られている。UV-A 照射は生体内で活性酸素種（ROS）を生成させ、これが DNA などの生体高分子化合物に酸化的なダメージを与える。

＜UV-B の特徴と皮膚への影響＞

・エネルギーが強く、DNA の損傷を引き起こす。

・波長が短く、到達深度は浅い。

・短時間の暴露で急性的にサンバーンやサンタンの原因となる。

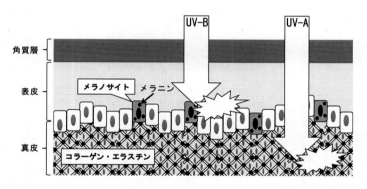

図 5-1　UV-A と UV-B の皮膚への影響

　MAA は UV-A および UV-B を含む範囲の吸収極大（310－362 nm）を示し、モル吸光係数も大きい（$\varepsilon = 20{,}000 \sim 50{,}000$ M^{-1}cm^{-1} 程度）。また、活性酸素種（ROS）を生成することなく、吸収した UV を無害な熱エネルギーに変換可能である。そのため、MAA は天然のサンスクリーン剤原料として利用することができる。　MAA を含むサンスクリーン剤（日焼け止め）は既に市販されており、有名な製品の例としては、スイスの Mibelle Biochemistry 社から販売されている Helioguard 365【図 5-2】と米国の Biosil Technologies 社製の Helinori がある。これらは紅藻の MAA を成分として含んでいる。また、シアノバクテリア由来の MAA もスキンケア製品に用いられているケースがある。たとえば、日本の企業である Skinxia 社と Lekarka 社は、シアノバクテリアから抽出された MAA を含有するスキンケア化粧品を販売している。ドクターズチョイス社は独自の製法で

MAA を高濃度で抽出することに成功しており、化粧品 OEM（original equipment manufacturing）事業を展開している。

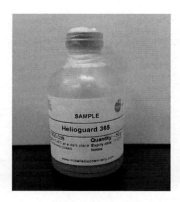

図5-2　Helioguard 365 のサンプル
（提供：エイチ・ホルスタイン株式会社）

(2)　Helioguard 365

Helioguard 365 には、紅藻 *Porphyra umbilicalis* から抽出された shinorine と porphyra-334 が含まれており、これらはリポソーム化（liposomalization）されている。公開されている Helioguard 365 の調製方法はつぎのとおりである [81]。

① 乾燥した *Porphyra umbilicalis* を 3.3%となるように 15%のエタノール（ethanol）水溶液に加え、45℃で 2 時間一定の撹拌条件下で MAA を抽出する。

② 紅藻の残骸を除去した後に、10 kDa のカットオフメンブレンで限外ろ過（ultrafiltration）した後、透明な MAA 含有抽出液を得る。

③ MAA 含有抽出液を 3.3%のレシチン（lecithin）と混合してリポソーム化し、終濃度が 0.4%となるようにフェノキシエタノール（phenoxyethanol）を添加する。

④ MAA の濃度を 0.1%に調整する。

Mibelle Biochemistry 社によると [*2]、Helioguard 365 の推奨利用濃度は 1~5%（MAA 濃度として 0.001~0.005%）である。*Porphyra umbilicalis* の抽出液には電解質（electrolyte）

が含まれている可能性があるため、製剤（formulation）の際には、電解質に対して安定なゲル化剤（gelling agent）や乳化剤（emulsifier）を選択すべきである。また、エタノールを用いる場合には、リポソームが不安定化するのを防ぐため、濃度が20%を超えないようにする。製剤プロセスにおいては50℃未満での処理が望ましい。

*2: 出展 : https://mibellebiochemistry.com/how-formulate-helioguardtm-365

　Helioguard 365 は日常のスキンケア用途に適しており、皮膚のエイジングに対する抑制効果が期待できる。つぎに、Mibelle Biochemistry 社から報告されている Helioguard 365 の活性を紹介する。

i. Helioguard 365 中の MAA の安定性

　4℃、室温、37℃に保って Helioguard 365 に含まれる MAA の安定性を検証したところ、一か月経過した時点では MAA 量の減少は確認されなかった。三カ月経過時点では、37℃に保温していたサンプルにおいて 20%の MAA の減少が見られたが、4℃および室温においては減少しなかった。一方で、保温時に UV-A 照射処理をしたサンプル群では、全ての温度において、三カ月経過しても MAA 量が減少せずに安定して存在していた[81]。

ii. ヒト線維芽細胞における UV 照射による DNA 損傷の軽減

　ヒト線維芽細胞（fibroblast）に UV 照射を行うと DNA 損傷が引きおこされる。それに対して、UV 照射を行う前に 3~5%の Helioguard 365 を線維芽細胞に添加することで、DNA に対するダメージの軽減が確認された。これらの結果は、コメットアッセイ（Comet assay）によって得られた[82]。

iii. 皮膚のハリ、滑らかさ、シワの改善

　5%の Helioguard を含むように調製したクリーム*3（MAA の最終濃度は 0.005%）を、36~54 歳の女性 20 名の前腕内側と顔に塗布し、週二回 10 J/cm² の UV-A 照射処理をした後に皮膚の弾力性（elasticity）、荒れ（roughness）およびシワの深さ（depth of wrinkles）を定量した。その結果、Helioguard 365 含有クリームは Helioguard 365 を含まない対照（control）クリームと比較して弾力性（ハリ）と滑らかさが改善し、シワの深さの減少が確認された[81]。

*3: クリームの調製方法や原料については引用文献に記載されておらず、不明である。

iv. 脂質過酸化反応の阻害効果

上記 iii と同様に 5%の Helioguard を含むクリームを塗布すると、UV-A 照射処理をした際に引きおこされる皮膚の脂質過酸化反応（lipid peroxidation）の阻害効果が確認された[81]。脂質過酸化反応は ROS によって引きおこされ、脂質を過酸化脂質に変化させる。この反応は、皮膚の荒れやシワの発生を引きおこす原因になる。

v. サンスクリーン剤の SPF 値の増強効果

SPF 値[*4]（sun protection factor, 紫外線防御効果を表す指標）が 7.2 のサンスクリーン剤に対して、Helioguard 365 を 2%の濃度となるよう加えると、SPF 値が 8.3 程度まで増加することが確認されている[82]。

[*4]: SPF 値が大きいほど UV-B を防御する効果が高い。値が 50 を超えると 50+ と表される。一方で、UV-A 照射を防御する程度を示す指標として PA（protection grade of UVA）がある。PA+, PA++, PA+++, PA++++の 4 段階に分けて表され、+の数が多いほど UV-A 防御効果が高い。

(3) Helinori

Helinori には shinorine と porphyra-334 に加えて palythine が含まれており、これらは Helioguard 365 と同様に紅藻 *Porphyra umbilicalis* から抽出された MAA である。Helinori の 'nori' の部分は日本語の海苔（ノリ）が由来となっている[*5]。Helinori は 6 時間の太陽光への暴露または 30 分間の 120℃処理に対して耐性をもち、15~25℃の温度条件下で少なくとも 18 カ月安定である[12]。Helioguard 365 と類似した機能をもち、5%の Helinori を含有するクリームを塗布することで、UV 照射後に生じる日焼け細胞（sunburn cell）の生成を抑制することができる[12]。また、2%濃度の Helinori 存在下で、UV-A 照射による酸化ストレス（oxidative stress）に晒された線維芽細胞と角化細胞（keratinocyte, ケラチノサイト）の膜脂質が保護され、生体活性が維持されることが明らかになっている[12]。

[*5]: *Porphyra umbilicalis* がアマノリ類であることに由来する。

2．抗酸化能

(1) 基本事項

　酸化ストレスの引き金となる活性酸素種（ROS）には、ヒドロキシルラジカル（hydroxyl radical, •OH）、スーパーオキシドアニオンラジカル（superoxide anion radical, •O_2^-）、過酸化水素（hydrogen peroxide, H_2O_2）、一重項酸素（siglet state molecular oxygen, $^1O_2$）などがある。皮膚においては、UV 照射への曝露が ROS の生成に関連していることが知られている。UV 照射による ROS 生成反応は多様で、UV 放射の波長範囲に依存する。たとえば、$^1O_2$ および•O_2^-の生成が UV-A 照射されたマウスの皮膚で促進される [83]。その他にも、•OH, •O_2^-および H_2O_2 が UV-A 照射中に終末糖化産物（advanced glycation end product, AGE）から生じるという報告もある [84]。生成機構は不明だが、UV-B 照射も•OH, •O_2^-および H_2O_2 を誘導するという報告がある [85]。

　酸化反応（oxidation）はエネルギーの生産と代謝を中心とする生命維持機構に必須である。これらの反応プロセスは ROS の生成の原因となり、生成した ROS はシグナル伝達分子（signal transduction molecule）として機能することで、細胞分裂、炎症、免疫機能、ストレス応答などを引きおこす [86]。また、植物やシアノバクテリアなどの光合成微生物においては、光合成反系で過剰な光エネルギーが吸収され、これが安全に分散されない場合には、$^1O_2$ や H_2O_2 などの ROS が生じる。

　UV 照射や酸化反応によって生成した ROS による皮膚へのダメージを防ぎ、表皮の恒常性を調節するために、皮膚細胞は内因性の抗酸化システムをもつ。このシステムには、スーパーオキシドジスムターゼ（superoxide dismutase, SOD）、カタラーゼ（catalase, CAT）、グルタチオンペルオキシダーゼ（glutathione peroxidase, GPX）、グルタチオンレダクターゼ（glutathione reductase, GR）、チオレドキシンレダクターゼ（thioredoxin reductase, TRXR）およびペルオキシレドキシン（peroxiredoxin, PRDX）の六つの酵素で構成されている【図5-3】。　SOD と CAT はそれぞれ•O_2^-と H_2O_2 を消去し、最終的に H_2O まで変換する。一方で、GPX、GR、TRXR、PRDX はグルタチオン（glutathione）とチオレドキシン（thioredoxin）の酸化還元状態を調節することで H_2O_2 を消去する。この酵素系に加えて、アスコルビン酸（ascorbic acid, ビタミン C）、α-トコフェロール（α-tocopherol, ビタミン E）やグルタチオンなどの非酵素分子が、皮膚組織における抗酸化物質として重要な役割を果たす [87]。これらの低分子化合物は、電子供与体（electron donor）として作用することでフリー

ラジカルを消去する。

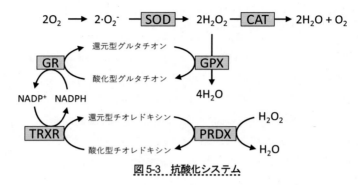

図 5-3　抗酸化システム

(2)　MAA の抗酸化活性

　現在までに、多くの MAA が抗酸化活性を示すことが報告されている【**表 5-1**】。UV 放射への曝露は、皮膚の老化（aging, エイジング）を促進する要因の一つである ROS の生成を引きおこす。そのため、ROS を消去する活性をもつ抗酸化物質は、エイジングを予防するために化粧品の成分として一般的に使用されている。MAA の中で特に強い抗酸化活性をもつと考えられているのが mycosporine-glycine である。地衣類 *Lichina pygmaea* から単離された mycosporine-glycine の抗酸化活性は、ABTS 法により pH8.5 の条件で shinorine および porphyra-334 よりも高いことが報告されている [88]。50%阻害濃度 [*6]（half maximal (50%) inhibitory concentration, IC_{50}）は 3 μM で、よく知られる抗酸化物質のアスコルビン酸の 26 μM と比べても顕著に低かった [88]。Mycosporine-2-glycine も shinorine および porphyra-334 と比較して高い抗酸化活性を有するという報告がある [73]。ただし、各 MAA 分子の抗酸化能について議論する際には注意すべき点がある。【**表 5-1**】からも読み取れるように、MAA の抗酸化活性の評価は、測定方法や測定した研究グループの違いによって異なる。たとえば、porphyra-334 の DPPH フリーラジカル捕捉活性を調査した三件の報告のうち、活性が検出されたのは二件で、それらの間では IC_{50} 値が大きく異なっている [89-91]。これらの不一致は、測定に用いた MAA の純度や測定方法の違いに起因している可能性がある。

[*6]: IC_{50} 値は、どの濃度で標的物質の働きの半分（50%）を阻害できるかの指標である。値が低いほど効率的に阻害したことを示す。

表 5-1　MAA の抗酸化活性

MAA	測定方法	活性
一置換型 MAA		
Mycosporine-glycine	PC-assay [92]	＋
	β-carotene bleaching method [88]	＋
	ABTS assay [88]	＋ (IC$_{50}$: 20 μM (pH6.0), 4 μM (pH7.5), 3 μM (pH8.5))
	DPPH assay [89]	＋ (IC$_{50}$: 4.2 μM)
	DPPH assay [90]	＋ (IC$_{50}$: 43 μM)
	Superoxide assay [88]	－
	Singlet oxygen quenching [93]	＋(Rate constant: 5.6×10^7 M^{-1}s^{-1})
Mycosporine-alanine	DPPH assay [28]	＋ (IC$_{50}$: 7.6 mM)
Mycosporine-GABA	ABTS assay [40]	＋ (IC$_{50}$: 600 μM)
二置換型 MAA		
Shinorine	PC-assay [92]	－
	β-carotene bleaching method [88]	＋
	ABTS assay [88]	＋ (IC$_{50}$: ND (pH6.0), ND (pH7.5), 100 μM (pH8.5))
	ABTS assay [73]	＋ (IC$_{50}$: 94 μM)
	DPPH assay [89]	－
	DPPH assay [91]	＋ (IC$_{50}$: 399 μM)
	Superoxide assay [88]	＋
	Singlet oxygen quenching [94]	－

前頁からのつづき

MAA	測定方法	活性
Porphyra-334	PC-assay [92]	－
	β-carotene bleaching method [88]	＋
	ABTS assay [88]	＋ (IC_{50}: 1000 μM (pH6.0), 400 μM (pH7.5), 80 μM (pH8.5))
	ABTS assay [73]	＋ (IC_{50}: 133 μM)
	ABTS assay [95]	＋ (IC_{50}: >72 μM (pH5.8), >72 μM (pH6.6), 28 μM (pH7.4), 21μM (pH8.0))
	DPPH assay [89]	－
	DPPH assay [90]	＋ (IC_{50}: 3.4 mM)
	DPPH assay [91]	＋ (IC_{50}: 185 μM)
	Superoxide assay [88]	＋
	Singlet oxygen quenching [94]	－
Mycosporine-2-glycine	ABTS assay [73]	＋ (IC_{50}: 40 μM)
	DPPH assay [90]	＋ (IC_{50}: 22 μM)

前頁からのつづき

MAA	測定方法	活性
Asterina-330	PC-assay [92]	—
	β-carotene bleaching method [88]	＋
	ABTS assay [88]	＋(IC$_{50}$: 1000 μM (pH6.0), 60 μM (pH7.5), 10 μM (pH8.5))
	Superoxide assay [88]	＋
	Singlet oxygen quenching [94]	—
Palythine	PC-assay [92]	—
	ABTS assay [95]	＋ (IC$_{50}$: >72 μM (pH5.8), >72 μM (pH6.6), 23 μM (pH7.4), 12μM (pH8.0))
	DPPH assay [91]	＋ (IC$_{50}$: 21 μM)
	ORAC assay [96]	＋ (IC$_{50}$: 714 μM)
	Singlet oxygen quenching [94]	＋
Palythinol	PC-assay [92]	—
Palythene	Singlet oxygen quenching [94]	—
Usujirene	FTC assay [97]	＋
	TBA assay [97]	＋
Palythenic acid	Singlet oxygen quenching [94]	—

前頁からのつづき

MAA	測定方法	活性
誘導体化 MAA		
Mycosporine -glutaminol -glucoside	Singlet oxygen quenching[98]	＋(Rate constant: $5.9 \times 10^7 \, M^{-1}s^{-1}$)
Mycosporine -glutaminol -glucoside	Singlet oxygen quenching[98]	＋(Rate constant: $5.9 \times 10^7 \, M^{-1}s^{-1}$)
478-Da MAA (7-*O*- (β-arabinopyranosyl) -porphyra-334)	DPPH assay[74] ABTS assay[40]	－ ＋ (IC$_{50}$: 9.5 mM)
508-Da MAA (Hexose-bound porphyra-334)	ABTS assay[40]	＋ (IC$_{50}$: 58 mM)
612-Da MAA (Two hexose-bound palythine-threonine derivative)	ABTS assay[40]	＋ (IC$_{50}$: 16 mM)
Nostoc-756	ABTS assay[99]	＋ (IC$_{50}$: 515 μM)
880-Da MAA ({Mycosporine -ornithine: 4-deoxygadusol ornithine}-β- xylopyranosyl-β- galactopyranoside)	ABTS assay[40]	＋ (IC$_{50}$: 510 μM)

前頁からのつづき

MAA	測定方法	活性
1050-Da MAA (Mycosporine-2-(4-deoxygadusol-ornithine)-β-xylopyranosyl-β-galactopyranoside)	DPPH assay [74] ABTS assay [40] ABTS assay [99]	+ (IC$_{50}$: 809 μM) + (IC$_{50}$: 1.0 mM) + (IC$_{50}$: 144 μM)
13-O-(β-galactosyl)-porphyra-334	ABTS assay [41]	+ (IC$_{50}$: 17 mM)

＋: 活性が検出された
－: 活性は検出されなかった
PC-assay: Phosphatidylcholine peroxidation inhibition assay
ABTS: 2,2'-Azino-di-(3-ethylbenzthiazoline sulfonic acid) radical
DPPH: 1,1-Diphenyl-2-picrylhydrazyl
ORAC: Oxygen radical absorbance capacity
FTC: Ferric thiocyanate
TBA: Thiobarbituric acid
ND: 活性は検出されなかった

(3) 抗酸化システムに対する MAA の影響

ROS は生体分子の不可逆的な酸化的損傷を引きおこし、これがエイジングに大きく関与している。ROS から生体分子を保護するために、【図 5-3】に示した内因性の防御システムが ROS を酵素的に除去している。これまでに、MAA がこのシステムに含まれる抗酸化酵素（SOD、CAT、GPX、GR、TRDX、PRDX）の発現制御に影響することが報告されている【表 5-2】。

Mycosporine-2-glycine を用いて解析された例を挙げる。 RAW 264.7 マクロファージ（macrophage）細胞株においては、耐塩性シアノバクテリア *Halothece* sp. PCC7418 から単離精製した mycosporine-2-glycine を培養液中に添加することで、酸化ストレスによって誘導された *cat* および *sod1* 遺伝子の発現を抑制することが報告された [100]。この現象

は、mycosporine-2-glycine がもつフリーラジカル捕捉活性によって引きおこされたのかもしれない。つまり、mycosporine-2-glycine が細胞内の酸化ストレスを緩和したために、本来酸化ストレス条件下で促進される cat および sod1 遺伝子の発現が抑えられた可能性がある。その一方で、mycosporine-2-glycine を生合成しない淡水性シアノバクテリア *Synechococcus elongatus* PCC7942 に耐塩性シアノバクテリア由来の生合成遺伝子を導入して mycosporine-2-glycine を細胞内に蓄積させると、酸化ストレス条件下における cat, sodB を含む抗酸化遺伝子の発現が上昇するという報告がある [101]。マクロファージ細胞とシアノバクテリア細胞で発現制御が異なる点は興味深い。mycosporine-2-glycine は、ヒト悪性黒色腫（melanoma, メラノーマ）A375 細胞と正常ヒト皮膚線維芽細胞 CRL-1474 細胞において酸化ストレスによる DNA 損傷を抑制することも報告されている [90]。

　動物組織における抗酸化酵素への影響を調べた研究もある。紅藻 *Porphyra yezoensis* から単離した shinorine と porphyra-334 を含む MAA の水溶液をマウスに塗布すると、UV 照射による背部皮膚（dorsal skin）組織中の抗酸化酵素活性の減少が抑制された [102]。また、同じくマウスを用いた実験で、MAA（porphyra-334 または mycosporine-2-glycine）を含むエマルジョン（emulsion）を塗布したマウスの耳組織においては、UV 照射した際の抗酸化酵素の蓄積量の減少が抑制され、活性が維持されるという結果が得られている [28]。Shinorine および porphyra-334 がヒト細胞の抗酸化遺伝子の発現に対する促進効果を示したことも報告されている。これらの MAA は、Keap1（Kelch-like ECH-associated protein 1）と Nrf2（nuclear factor-erythroid 2-related factor 2）結合のアンタゴニスト（antagonist）として作用し、酸化ストレスに対する主要な細胞内保護応答経路である Keap1/ Nrf2 シグナル伝達経路を活性化した [91]。

表5-2　抗酸化システムに対する MAA の影響

MAA (処理方法)	対象細胞および組織	効果
Mycosporine-2-glycine [100] (培地に添加)	RAW 264.7マクロファージ	過酸化水素を用いた酸化ストレスによる *cat, sod1* および *nrf1* 遺伝子の発現上昇を抑制した。
Mycosporine-2-glycine [101] (外来生合成遺伝子の導入)	シアノバクテリア *Synechococcus elongatus* PCC7942	過酸化水素を用いた酸化ストレスによる *cat, sod1* および *tpxA* 遺伝子の発現上昇を促進した。 (*tpxA* 遺伝子はチオレドキシンペルオキシダーゼ（thioredoxin peroxidase）で、PRDXのホモログ)。
Shinorine, Porphyra-334 [102] (水溶液を塗布)	マウス背部皮膚	UV照射ストレスによるCAT, SODおよびGPXの活性低下を抑制した。また、脂質過酸化分解生成物の一つで、脂質過酸化の主要マーカーであるマロンジアルデヒド（malondialdehyde, MDA）の生成が抑制された。
Porphyra-334, Mycosporine-2-glycine [103] (MAA含有エマルジョンを塗布)	マウス耳皮膚	UV照射ストレスによるCATおよびSODの蓄積減少と活性低下を抑制した。
Shinorine, Porphyra-334 [91] (培地に添加)	ヒト皮膚線維芽細胞	Keap1とNrf2間の結合のアンタゴニストとして作用し、Keap1/ Nrf2シグナル伝達経路を活性化した。

３．抗炎症作用

(1)　基本事項

　UV 照射と酸化ストレスは炎症（inflammation）を誘発する。炎症は、これらのストレスによって引きおこされる分子や細胞の損傷に対する生理的な防御機構である。特に、UV-B 照射に引きおこされる紅斑（erythema）は、サンバーン（sunburn）とよばれる。UV-B 照射によって誘発される炎症反応は、主に、一酸化窒素（nitric oxide, NO）、誘導性 NO シンターゼ（inducible NO synthase, iNOS）、プロスタグランジン E_2（prostaglandin E_2, PGE_2）、シクロオキシゲナーゼ-2（cyclooxygenase-2, COX-2）、腫瘍壊死因子（tumor necrosis factor-α, TNF-α）およびインターロイキン-1（interleukin-1, IL-1）やインターロイキン-6（interleukin-6, IL-6）といったサイトカイン（cytokine）などの多様な因子を介する【図 5-4】[104]。これらの分子は核内因子 κB（nuclear factor-kappa B, NF-κB）によって制御され、表皮の主要な細胞型であるケラチノサイト（keratinocyte）で主に産生される。iNOS および COX-2 は、炎症性刺激に対する分子応答に関与している。iNOS 遺伝子発現は炎症の進行中に誘導され、炎症誘発性因子である NO を過剰に生成する。また、ヒトの皮膚組織と培養ヒトケラチノサイトにおいて、PGE_2 の生成に関与する COX-2 の発現が UV-B 照射によって誘導されるという報告がある。PGE_2 は炎症や癌の誘発に関連する生理活性脂質である。炎症反応には ROS が関連していることも知られている。実際、さまざまな細胞で COX-2 の発現が ROS によって誘導されることが見出されている。

　抗炎症分子は、スキンケア用途だけでなく、関節リウマチ（rheumatoid arthritis）、乾癬（psoriasis）、慢性閉塞性肺疾患（chronic obstructive pulmonary disease）、多発性硬化症（multiple sclerosis）、および炎症性腸疾患（inflammatory bowel disease）を含む慢性炎症性疾患（chronic inflammatory disease）の治療目的で広く研究されてきた。抗炎症化合物は、アテローム性動脈硬化症（atherosclerosis）などの心血管疾患（cardiovascular disease）やパーキンソン病（Parkinson's disease）などの神経変性疾患（neurodegenerative diseases）の治療にも有用であることが知られている。

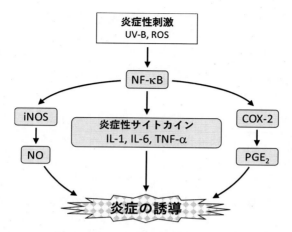

図 5-4　UV-B によって誘導される炎症反応

(2)　UV-B 誘導性の炎症経路に対する MAA の影響

　これまでに、shinorine、porphyra-334、mycosporine-glycine、mycosporine-2-glycine を用いた MAA の抗炎症作用に関する研究結果が報告されている【**表 5-3**】。Suh らは、不死化ヒトケラチノサイト（immortalized human keratinocyte）HaCaT 細胞に UV 照射処理を施すことで促進される *COX-2* 遺伝子の発現が shinorine または mycosporine-glycine によって抑制されることを示した [89]。また、Becker らはヒト骨髄単球（human monocytic leukemia cell）THP-1-Blue 細胞において porphyra-334 がリポ多糖（lipopolysaccharide, LPS）によって誘導される NF-κB 活性を抑制することを示した [105]。一方で、shinorine は NF-κB 活性を促進した [105]。Ying らは、shinorine と porphyra の混合物を塗布したマウスの皮膚組織において TNF-α の発現レベルが減少することを示した [102]。名城大学とチュラロンコン大学の研究グループは、mycosporine-2-glycine がリポ多糖で刺激された RAW264.7 マクロファージ細胞における NO 生成を有意に阻害し、*iNOS* および *COX-2* の発現を強く抑制することを報告した [100]。また、同じグループによって、ヒト皮膚線維芽細胞における酸化ストレス誘発性の NF-κB 蓄積が mycosporine-2-glycine によって抑制されることも報告されている [90]。

表 5-3　UV-B 誘導性の炎症経路に対する MAA の影響

MAA (処理方法)	対象細胞および組織	効果
Shinorine, Mycosporine-glycine [89] (培地に添加)	HaCaT細胞	UV照射ストレスによる *COX-2*遺伝子の発現上昇を抑制した。
Porphyra-334 [105] (培地に添加)	THP-1-Blue細胞	リポ多糖によるNF-κB活性の誘導を抑制した。
Shinorine および Porphyra-334の混合物 [102] (水溶液を塗布)	マウス背部皮膚	UV照射ストレスによるNF-κBの蓄積誘導を抑制した。
Mycosporine-2-glycine [100] (培地に添加)	RAW 264.7マクロファージ	リポ多糖によるNO生成誘導を阻害し、*iNOS*および*COX-2*の発現を強く抑制した。
Mycosporine-2-glycine [90] (培地に添加)	ヒト皮膚線維芽細胞	過酸化水素を用いた酸化ストレスによるNF-κBの蓄積誘導を抑制した。

４．抗糖化活性

(1) 基本事項

　糖化（glycation）は、蛋白質や脂質などの遊離アミノ基やヒドロキシ基への糖分子の非酵素的な結合を含む一連の化学反応のことで、メイラード反応（Maillard reaction）ともよばれる。メイラード反応は、1912 年にフランスの化学者ルイ・カミーユ・メイラード（Louis-Camille Maillard）によって食品の調理および保管中の褐変に関連する反応として発見された。蛋白質の遊離アミノ基とグルコースなどの還元糖（reducing sugar）との間の糖化反応の最終産物を、終末糖化産物（advanced glycation end product, AGE）という。AGE の蓄積は、生体内の組織蛋白質の構造および機能に障害を来たし、糖尿病（diabetes）患者における血管（blood vessel）および腎臓（kidney）の合併症、アテローム性動脈硬化症（atherosclerosis）、アルツハイマー病（Alzheimer's disease）などの疾病に関与することが知られている。AGE は老化プロセスにも関係しており、加齢による正常の老化に伴って体内での蓄積量が増加する。

　AGEs は大きく二つの前後段階に分けられる複雑な多段階反応を経て生成する【図 5-5】。前期の反応過程では、還元糖における求電子性（electrophilic）のカルボニル基（carbonyl group, $R_1-C(=O)-R_2$）がアミノ酸の遊離アミノ基（free amino group, $-NH_2$）と反応し、続いて不安定なシッフ塩基（Schiff base, $R_1R_2C=N-R_3$）が形成される。通常、蛋白質の N 末端や塩基性アミノ酸であるリジン（lysine）、アルギニン（arginine）およびヒスチジン（histidine）残基の側鎖におけるアミノ基が反応する。この化合物が転位（rearrangement）することで、安定したアマドリ生成物（Amadori product）が形成される。その後、後期の反応過程において、アマドリ生成物が蛋白質のアミノ酸残基と不可逆的に結合することで、架橋生成物を形成する。また、アマドリ生成物のさらなる酸化、脱水、重合、および酸化分解によって、多様な AGE が生成する。

　AGE の形成を抑制するために、合成化合物や天然物由来のさまざまな糖化阻害剤が開発されてきた。よく知られている合成阻害剤の例として、アミノグアニジン（aminoguanidine）【図 5-6】がある。アミノグアニジンは、糖尿病に関連する AGE 形成に対する予防効果が認められた。しかしながら、患者に投与すると、悪性貧血（pernicious anemia）や抗核抗体（anti-nuclear antibody）の発生が誘発された。また、動物実験により、高濃度で投与すると膵臓（pancreas）および腎臓の腫瘍が誘発されることが示された。結

局、I 型糖尿病患者の治療薬としてのアミノグアニジンの第 III 相臨床試験は中止された。このように、合成化合物は重篤な副作用を引き起こす可能性がある。これについては天然物由来の物質も同様だが、天然物質は高い多様性と機能性を示すため、植物や藻類からは安全で活性の高い糖化阻害剤が見出される可能性がある。MAA は天然糖化物質の候補因子であり、これまでに MAA の糖化阻害活性が幾つか報告されている。

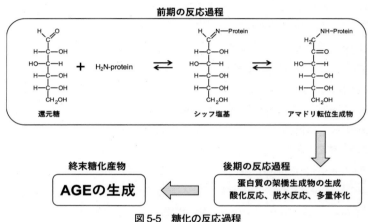

図 5-5　糖化の反応過程

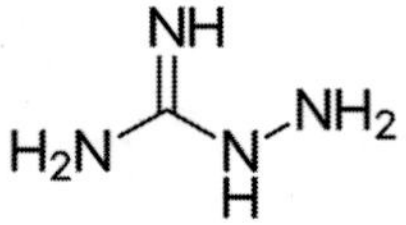

図 5-6　アミノグアニジンの分子構造

(2)　MAA の抗糖化活性

　これまでに、*in vitro*（試験管内）で 11 種類の MAA において抗糖化活性が報告されている【**表 5-4**】。耐塩性シアノバクテリアから精製された mycosporine-2-glycine は、鶏卵白リゾチーム（hen egg white lysozyme）の糖化反応を阻害した[106]。その IC_{50} 値は 1.6 mM で、アミノグアニジンの IC_{50} 値 4.7 mM よりも小さかった。別の報告では、shinorine, porphyra-334,　mycosporine-methylamine-threonine,　mycosporine-alanine-glycine, aplysiapalythine A, asterina-330, palythine, bostrychine D, bostrychine E, bostrychine F がウシ血

清アルブミン（bovine serum albumin, BSA）の糖化に対する阻害活性を報告した [13]。この研究では、shinorine, porphyra-334, mycosporine-alanine-glycine および bostrychine D が特に高い活性を示した。また、Helioguard 365 から精製した porphyra-334 がエラスチン（elastin）の糖化を阻害したとの報告もある [103]。その際の porphyra-334 の IC_{50} 値は 7.6 mM で、アミノグアニジンの IC_{50} 値 7.4 mM と同等だった。これらの MAA がもつ糖化阻害活性の分子機構は不明である。

表5-4 抗糖化活性を示すMAA

MAA	対象蛋白質および還元糖	活性（IC_{50}）
Mycosporine-2-glycine [106]	リゾチーム＋リボース	1.6 mM
Shinorine [13]	BSA＋リボース	103 μM
Porphyra-334 [13]	BSA＋リボース	90 μM
Mycosporine-methylamine-threonine [13]	BSA＋リボース	150 μM
Mycosporine-alanine-glycine [13]	BSA＋リボース	75 μM
Aplysiapalythine A [13]	BSA＋リボース	400 μM
Asterina-330 [13]	BSA＋リボース	125 μM
Palythine [13]	BSA＋リボース	700 μM
Bostrychine D [13]	BSA＋リボース	85 μM
Bostrychine E [13]	BSA＋リボース	150 μM
Bostrychine F [13]	BSA＋リボース	200 μM
Porphyra-334 [103]	エラスチン＋グリセルアルデヒド	7.6 mM

５．コラゲナーゼ活性阻害能

(1)　基本事項

コラーゲン（collagen）は、脊椎動物において皮膚、骨、血管を含むさまざまな組織を構成する繊維状[*7]の蛋白質である。人間を構成する蛋白質のうちコラーゲンが 30%を占める。コラーゲンは真皮層【図 5-1】に存在する線維芽細胞から産生される。強度が高く、皮膚組織においては構造の維持（皮膚の弾力性やハリ）に大きく影響する。コラーゲンの減少や変性は皮膚の老化の原因となるため、コラーゲンの減少を防ぐことが皮膚のアンチエイジングにつながる。そのため、コラーゲンの分解酵素であるコラゲナーゼ（collagenase）の抑制作用をもつ化合物は化粧品分野において有用である。

コラゲナーゼはエンドペプチダーゼ（endopeptidase）で、マトリックスメタロプロテイナーゼ（matrix metalloproteinases, MMP）のファミリーに属する。MMP はコラーゲンやエラスチンを分解することにより、組織恒常性や創傷後の修復を含む多様な生物学的プロセスにおいて重要な役割を果たす。しかしながら、MMP は老化とともに活性化され、細胞外マトリックス（extracellular matrix, ECM）のコラーゲンとエラスチンの組成に変化を来たすことで、皮膚のシワやたるみをもたらす。

*7: 非繊維性のコラーゲンも存在する。

(2)　MAA のコラゲナーゼ活性阻害能

これまでに、*in vitro*（試験管内）実験による 14 種類の MAA のコラゲナーゼ活性阻害作用が報告されている【表 5-5】。Hartmann らは shinorine, porphyra-334 および palythine のコラゲナーゼ阻害活性を報告した[107]。名城大学とチュラロンコン大学の研究グループは、mycosporine-2-glycine のコラゲナーゼ阻害活性を示した[106]。その際には、shinorine と porphyra-334 の混合物では活性が確認されていない[106]。また、Orfanoudaki らは、shinorine および porphyra-334 を含む 13 種類の MAA のコラゲナーゼ阻害活性を報告した[13]。MAA によるコラゲナーゼ阻害のメカニズムは完全には理解されていないが、次項で概説するように、MAA には金属イオンのキレート剤（chelate agent）としてはたらく可能性があり、これが金属要求性のコラゲナーゼの活性阻害に関与している可能性が考えられる。また、マウス皮膚組織において UV 照射処理による MMP の蓄積増加が MAA の塗布によって抑制されたという報告もある[102]。

表5-5 コラゲナーゼ活性阻害作用を示すMAA

MAA	コラゲナーゼ（基質）	活性（IC_{50}）
Shinorine [107]	Collagenase type V from *Clostridium histolyticum* （MMP-2[*8]）	104 μM
Porphyra-334 [107]	Collagenase type V from *C. histolyticum* （MMP-2[*8]）	106 μM
Palythine [107]	Collagenase type V from *C. histolyticum* （MMP-2[*8]）	159 μM
Mycosporine-2-glycine [106]	Collagenase type IV from *C. histolyticum* （4-phenylazobenzyloxycarbonyl-Pro-Leu-Gly-Pro-D-Arg-OH）	470 μM
Mycosporine-methylamine-threonine [13]	Collagenase type V from *C. histolyticum* （MMP-2[*8]）	251 μM
Mycosporine-alanine-glycine [13]	Collagenase type V from *C. histolyticum* （MMP-2[*8]）	158 μM
Aplysiapalythine A [13]	Collagenase type V from *C. histolyticum* （MMP-2[*8]）	81 μM
Asterina-330 [13]	Collagenase type V from *C. histolyticum* （MMP-2[*8]）	71 μM
Bostrychine B [13]	Collagenase type V from *C. histolyticum* （MMP-2[*8]）	105 μM
Bostrychine C [13]	Collagenase type V from *C. histolyticum* （MMP-2[*8]）	58 μM
Bostrychine D [13]	Collagenase type V from *C. histolyticum* （MMP-2[*8]）	118 μM
Bostrychine E [13]	Collagenase type V from *C. histolyticum* （MMP-2[*8]）	163 μM
Bostrychine F [13]	Collagenase type V from *C. histolyticum* （MMP-2[*8]）	90 μM
Mycosporine-glycine [13]	Collagenase type V from *C. histolyticum* （MMP-2[*8]）	81μM

*8: 7-methoxycoumarin-4-yl acetic acid-Pro-Leu-Ala-Nva-DNA-Dap-Ala-Arg-NH_2

6．キレート化能

(1)　基本事項

　金属イオンに配位子（ligand）とよばれる分子やイオンが結合した化合物を錯体（complex）という。配位子中に、金属イオンに配位（coordination）する原子が複数個存在すると、金属イオンを含む環構造ができる。この化合物をキレート化合物（chelete compound）という。キレートの語源はギリシア語で「カニのはさみ」を意味する‘chēlē’である。キレート剤（chelate agent）は、溶液中で金属イオンと結合し、その金属イオンの活性を低下させる。キレート剤はさまざまな用途で応用されている。たとえば、陰イオン性界面活性剤の塩形成を防ぎ、洗浄力を維持するためにシャンプーや洗濯用洗剤に添加されている。農業分野においては、キレート化合物が水への高い溶解性を示す性質を利用して、水溶性の金属塩肥料として使用される。

　【図 5-7】に 2 価のニッケルイオン（Ni^{2+}）と代表的なキレート剤であるエチレンジアミン四酢酸（ethylenediaminetetraacetic acid, EDTA）イオン（4−）のキレート化合物の構造を示す。図中の矢印は配位結合を示し、酸素原子および窒素原子から電子対が提供されていることを表している[9]。アミノ基（free amino group, $-NH_2$）とカルボキシ基（carboxy group, $-COOH$）をもつアミノ酸もキレート剤としてはたらくことが知られている。【図 5-8】に 2 価のカルシウムイオンとグリシンのキレート化合物の構造を示す。MAA はその分子構造中にアミノ酸を含むため、キレート剤として機能する潜在能力がある。

[9]: 国際純正・応用化学連合（International Union of Pure and Applied Chemistry, IUPAC）は矢印表記を推奨していない。

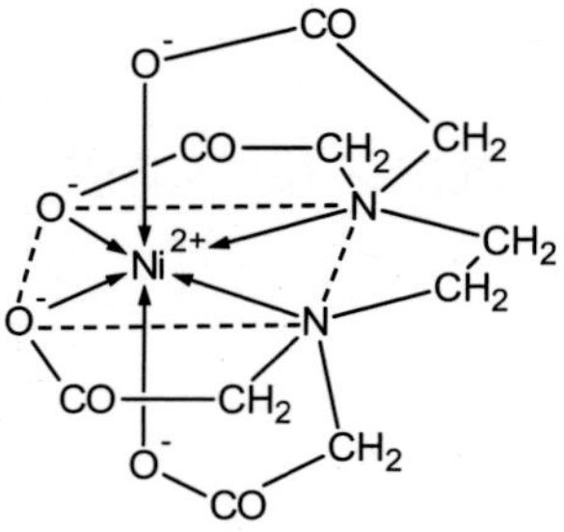

図 5-7　Ni^{2+} とエチレンジアミン四酢酸
（4−）イオンのキレート化合物

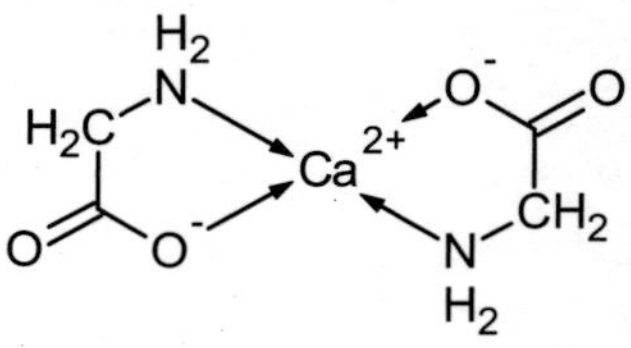

図 5-8　Ca^{2+} とグリシンのキレート化合物

(2) MAA のキレート化能

　2006 年に Volkmann らは耐塩性シアノバクテリア由来の MAA である euhalothece-362 【図 5-9】がキレート剤としてはたらく可能性を示唆した[32]。その際には、enhalothece-362 の構造中に存在する四つのヒドロキシ基と C3 位に置換されたアラニン残基中のカルボキシ基がキレート化に関与すると推定された。その後、Varnali らによって、金属イオンと MAA のキレート化合物のモデル構造が提案された[108]。Mycosporine-glycine とカルシウムイオンのキレート化の例では、mycosporine-glycine の C2 位のメトキシ基（methoxy group, -OCH3）の酸素原子および C3 位に置換されたグリシン残基の窒素原子とカルボキシ基の酸素原子が作用する場合【図 5-10A】と、C3 位に置換されたグリシンのカルボキシ基の酸素原子二つと C5 位のヒドロキシ基（hydroxy group, -OH）とヒドロキシメチル基（hydroxymethyl group, −CH2−OH）の酸素原子が作用する場合【図 5-10B】が提案された。また、二置換型 MAA の shinorine および porphyra-334 においては、C1 位に置換されたセリンおよびスレオニン残基中に含まれるヒドロキシ基が作用するモデルも提案されている【図 5-11A】。これまでに、2 価の鉄イオンに対して mycosporine-2-glycine がキレート化能を有するという実験結果が報告されているが[100]、他の MAA 種を用いた今後の解析が待たれるところである。

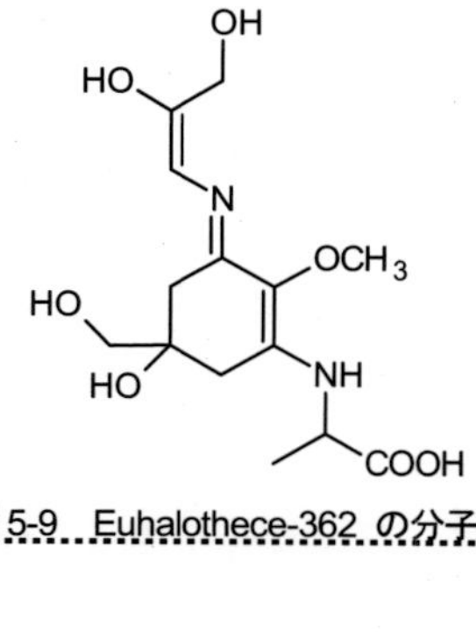

図 5-9．Euhalothece-362 の分子構造

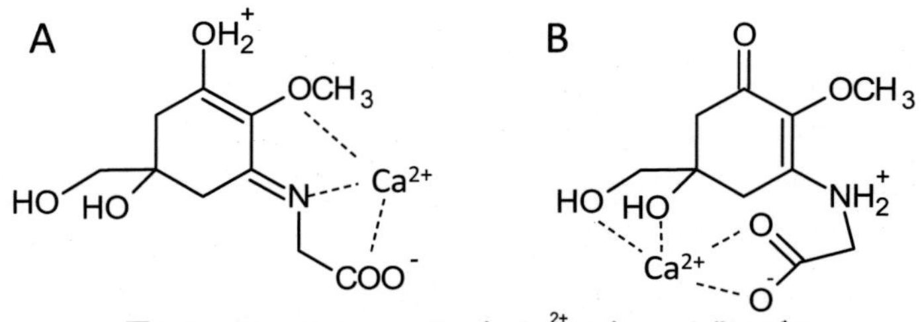

図 5-10　Mycoporine-glycine と Ca^{2+} のキレート化モデル

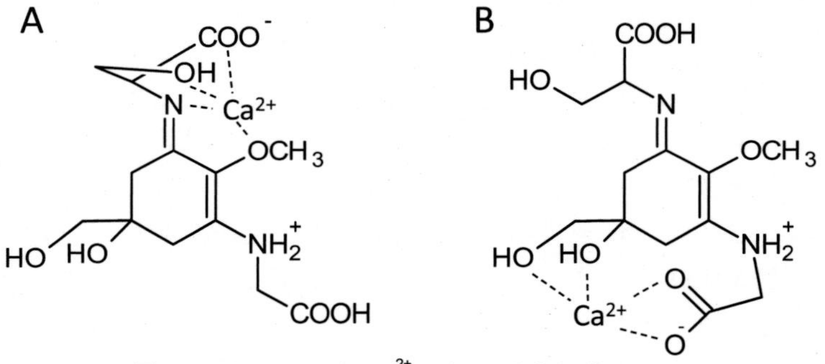

図 5-11　Shinorine と Ca^{2+} のキレート化モデル

7．DNA 保護能

　UV 照射によって生成する ROS や酸化ストレスは酸化的な DNA 損傷を引きおこすことが知られている。MAA にはこれらの外部ストレスによる DNA の損傷を軽減するはたらきがある。Helioguard がヒト線維芽細胞において UV 照射による DNA 損傷を和らげることは第 5 章 1 で既に述べた。それに加えて、ヒト悪性黒色腫 A375 細胞において過酸化水素による酸化ストレス処理で引きおこされる DNA へのダメージが、培地に mycosporine-2-glycine を添加することによって抑制されることが示されている[90]。抗酸化能を有する MAA が ROS を消去することによって DNA を保護していると考えられる。また、palythine, shinorine および porphyra-334 を含む紅藻抽出物がピリミジンダイマー（pyrimidine dimer）の生成を抑制するという報告もある[109][*10]。

*10: UV は DNA の構成塩基であるチミン（thymine）やシトシン（cytosine）がもつピリミジン（pyrimidine）環中の二重結合に吸収される。その結果、二重結合が開裂して隣接する塩基と反応で

きるようになる。隣り合うチミンどうし、シトシンどうしが重合したものをピリミジンダイマー（pyrimidine dimer）という。ピリミジンダイマーは DNA の複製や転写を阻害し、細胞死や突然変異などさまざまな障害を来たす。

8．創傷治癒作用

　MAA には創傷治癒作用をもつ可能性がある。Orfanoudaki らは、shinorine, porphyra-334, mycosporine-alanine-glycine および bostrychine-B を用いたスクラッチアッセイ[*11] を行うことで、これらの MAA がヒトケラチノサイト細胞の単層培養につけられたひっかき傷を閉鎖する作用をもつことを示した [13]。これらのＭＡＡは、ヒトケラチノサイト細胞の増殖および遊走を促進させる効果があると考えられるが、作用機序は不明である。

*11: プレート上の単層培養にひっかき傷をつけ、その領域が細胞の増殖や遊走によって閉鎖される過程を調べる実験手法。

9．抗がん作用

　MAA はがん細胞の増殖抑制作用を有する。たとえば、Yuan らは紅藻 *Palmaria palmata* から調製した MAA 含有抽出液が B16-F1 マウス皮膚メラノーマ細胞株の増殖を阻害することを示した [110]。高 UV 照射環境に晒された紅藻から調製した抽出液（グレード I）の方が低 UV 照射環境のもの（グレード II）よりも増殖阻害効果が高かった。グレード II にはグレード I に含まれる palythine, palythinol, shinorine, asterina-330 および porphyra-334 に加えて usujirene が含まれていることから、usujirene が増殖阻害に寄与している可能性がある。また、野生種および栽培種の紅藻から調製した抽出液が、試験管内においてヒト HeLa 腺癌頚部細胞株および U-937 組織球性リンパ腫細胞株に対する増殖抑制効果を示すことが明らかにされている [111]。これらの抗増殖活性はアポトーシス誘導を通じて引き起こされると考えられている。他の報告でも MAA によるアポトーシス誘導が示唆されている。Kim らは porphyra-334 および shinorine を含有する紅藻 *Porphyra yezoensis* の抽出液が UVB 照射処理を施したヒト角化細胞 HaCaT 細胞に与える影響について調査し、JNK および ERK シグナル伝達経路の活性化を通じて細胞全体の増殖を促進するとともに、損傷した細胞のアポトーシスを誘導することにより、UVB 照射された細胞を保護すると主張している [112]。

１０．抗ウイルス作用

　MAA はウイルス感染症を防ぐ薬剤候補となる可能性がある。Sahu らの *in silico* 解析によると、mycosporine-glycine-valine と shinorine は多くのウイルスの受容体としてはたらくアンジオテンシン変換酵素 2（angiotensin-converting enzyme, ACE2）の活性部位に結合することでウイルス感染を防ぐ可能性がある[113]。ACE2 は 2019 年から世界的に大流行した新型コロナウイルス感染症（COVID-19）を引き起こすコロナウイルス 2（SARS-CoV-2）の標的分子でもあるため、mycosporine-glycine-valine と shinorine は COVID-19 に対する薬剤候補となるかもしれない。

１１．園芸への応用

　MAA を園芸作物の葉焼け（sunscald）対策に使用できる可能性がある。葉焼けを防ぐためには直射日光を物理的に遮るのが一般的だが、MAA 含有エマルジョンを作物に塗布することで化学的に保護することができるかもしれない。Pedrosa らはこの観点からカルナバワックス（carnauba wax）とアンモニア水（ammonium hydroxide）を含む安定なエマルジョンを調製し、これに Helioguard 365 を加えて UV-B 領域（280-300 nm）の吸収を増強させた[114]。実際に作物に塗布した検討はまだ行われていないため、今後の展開が期待される。

１２．フィルム素材としての応用

　MAA はフィルム型の紫外線カット素材の原料としても有用である。たとえば、Fernandes らはキトサン（chitosan）を媒体とした MAA（mycosporine-glycine, shinorine または porphyra-334）含有フィルム*12 を調製し、評価を行った[115]。このフィルムは効果的に UV-A および UV-B 領域を吸収する*13 とともに、光耐性および熱耐性を示した。さらに、L-929 murine 線維芽細胞を用いて生体適合性（biocompatibility）も確認された。媒体としてはキトサン以外の物質も使用できるため、MAA を用いて多様な機能性フィルムを開発できる可能性がある。

*12: MAA のカルボキシ基とキトサンのアミノ基の間でアミド結合を形成させている。

*13: 吸収パターンは MAA 種によって異なる。

付録

付録1　MAA の構造、分子量、吸収極大、モル吸光係数
付録2　アミノ酸の分類と構造
付録3　MAA の分子構造の相関図
付録4　MAA の分子構造中の炭素原子の位置番号
付録5　シトネミン生合成経路の概略

付録1　MAAの構造、分子量、吸収極大、モル吸光係数

MAA	分子量（MW） 吸収極大（λ_{max}） モル吸光係数（ε）
MAAの前駆体	
4-Deoxygadusol [48]	MW: 188 $\lambda_{max} = 268$ nm (pH = 2), 294 nm (pH =7) $\varepsilon = $ ND
一置換型MAA	
Mycosporine-glycine [116]	MW: 245 $\lambda_{max} = 310$ nm $\varepsilon = $ ND
Mycosporine-taurine [117]	MW: 295 $\lambda_{max} = 309$ nm $\varepsilon = $ ND
Mycosporine-alanine [28, 118]	MW: 259 $\lambda_{max} = 310$ nm[118], 317 nm[28] $\varepsilon = 640$ M^{-1} cm^{-1}
Mycosporine-GABA [40] **(Mycosporine-γ-aminobutyric acid)**	MW: 273 $\lambda_{max} = 310$ nm $\varepsilon = 28{,}900$ M^{-1} cm^{-1}

Mycosporine-serine [119]

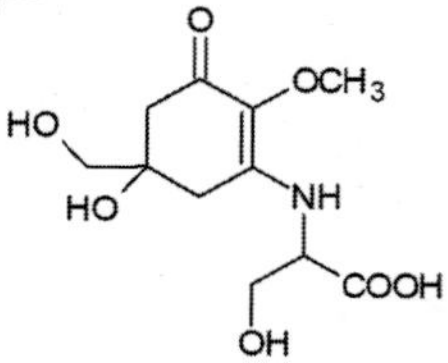

MW: 275

$\lambda_{max} = 310$ nm

$\varepsilon = ND$

Mycosporine-lysine [51]

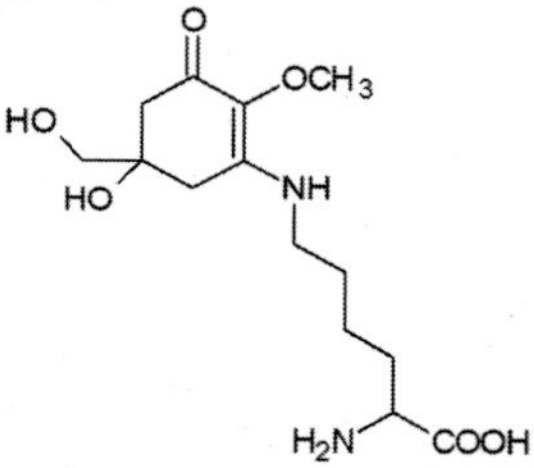

MW: 316

$\lambda_{max} = 310$ nm

$\varepsilon = ND$

Mycosporine-ornithine [51]

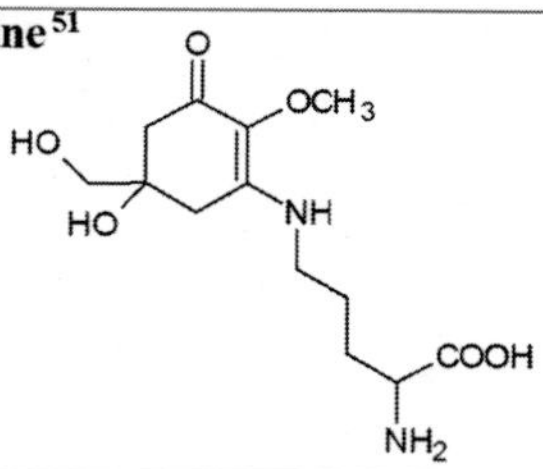

MW: 302

$\lambda_{max} = 310$ nm

$\varepsilon = ND$

Mycosporine-ornithine (isomer) [37]

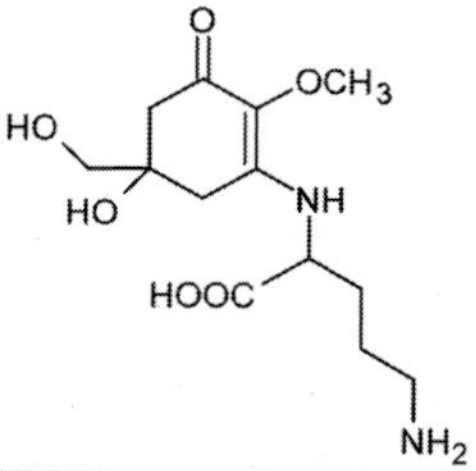

MW: 302

$\lambda_{max} = ND$

$\varepsilon = ND$

Mycosporine-serinol [120]

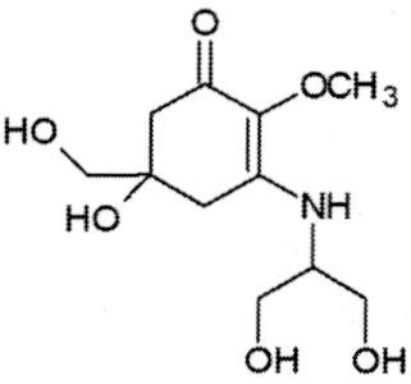

MW: 261

$\lambda max = 310$ nm

$\varepsilon = 27{,}270$ M^{-1} cm^{-1}

Mycosporine-glutamic acid [121]

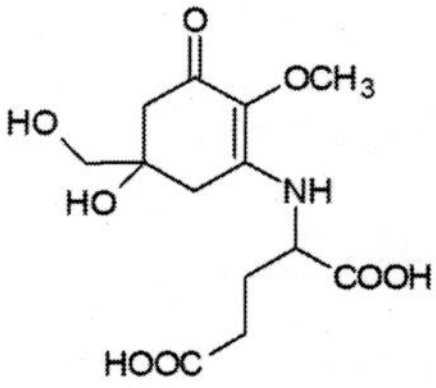

MW: 317

$\lambda_{max} = 311$ nm

$\varepsilon = 20{,}900$ M^{-1} cm^{-1}

Mycosporine-glutamicol [122]

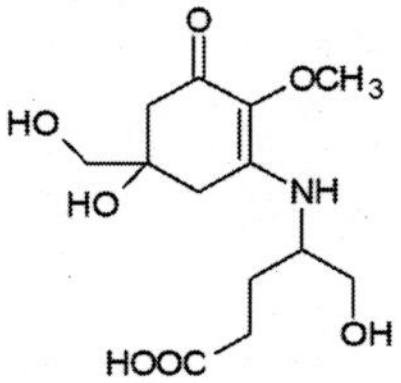

MW: 303

$\lambda_{max} = 310$ nm

$\varepsilon = $ ND

Mycosporine-glutamine [123]

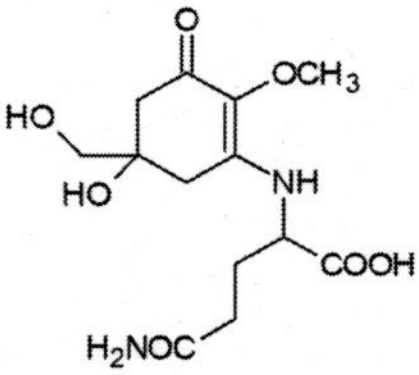

MW: 316

$\lambda_{max} = 310$ nm

$\varepsilon = $ ND

Mycosporine-glutaminol [124]

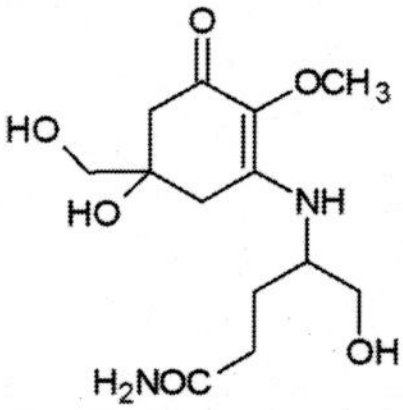

MW: 302

$\lambda_{max} = $ ND

$\varepsilon = $ ND

Klebsormidin B [125]

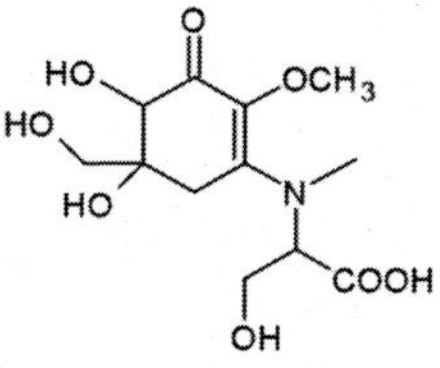

MW: 305

$\lambda_{max} = 324$ nm

$\varepsilon = $ ND

二置換型MAA

Shinorine [48]

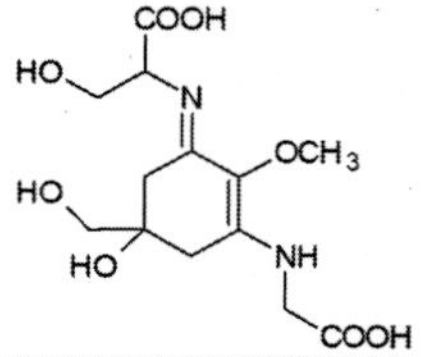

MW: 332

$\lambda_{max} = 333\text{-}334$ nm

$\varepsilon = 44{,}700$ M^{-1} cm^{-1}

Porphyra-334 [126]

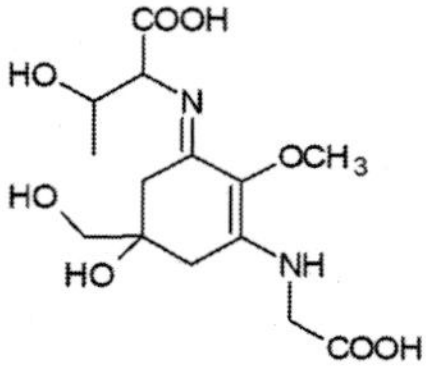

MW: 346

$\lambda_{max} = 334$ nm

$\varepsilon = 42{,}300$ M^{-1} cm^{-1}

Mycosporine-2-glycine [31]

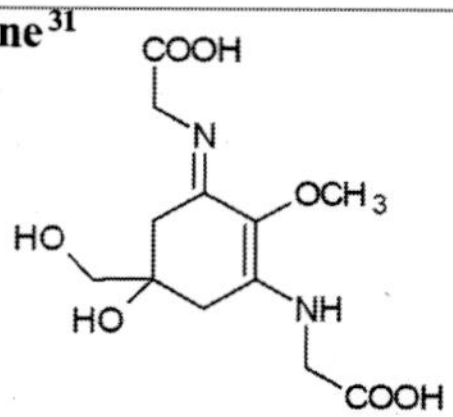

MW: 302

$\lambda_{max} = 330\text{-}332$ nm

$\varepsilon = $ ND

Asterina-330 [127]

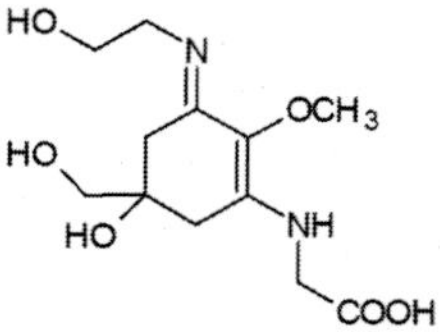

MW: 288

$\lambda_{max} = 330$ nm

$\varepsilon = 43{,}800$ M^{-1} cm^{-1}

Mycosporine-glycine-glutamic acid [128]

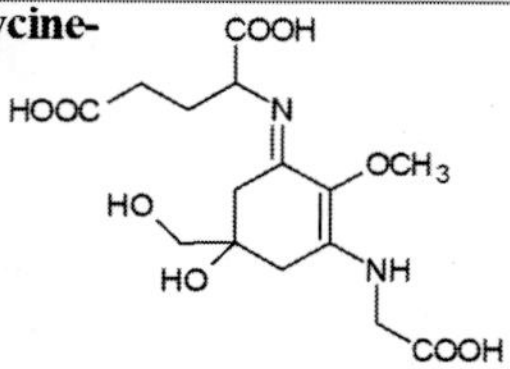

MW: 374

$\lambda_{max} = 330$ nm

$\varepsilon = 43{,}900$ M^{-1} cm^{-1}

Mycosporine-glycine-aspartic acid [129]

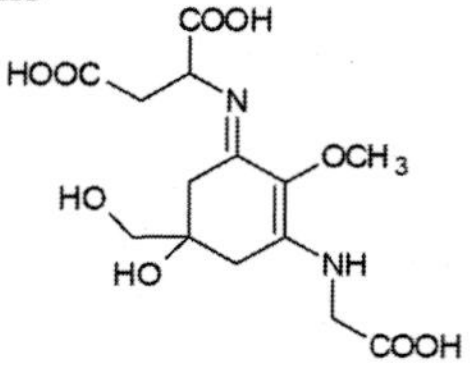

MW: 360

$\lambda_{max} = 332\text{-}334$ nm

$\varepsilon = $ ND

Mycosporine-glycine-valine [130]

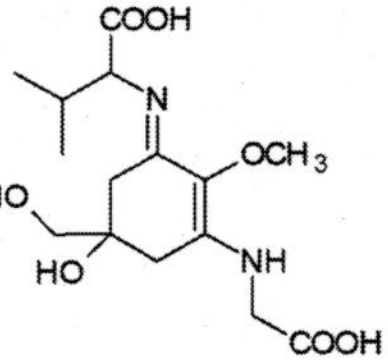

MW: 344

$\lambda_{max} = 335$ nm

$\varepsilon = $ ND

Mycosporine-glycine-alanine [81]

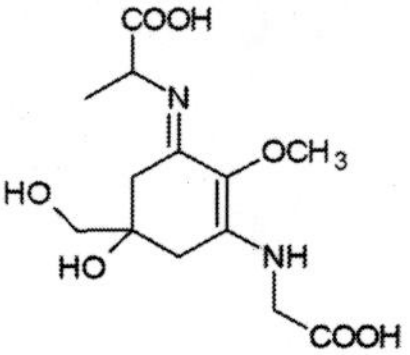

MW: 316

$\lambda_{max} = 333$ nm

$\varepsilon = $ ND

Mycosporine-glycine-arginine [55]

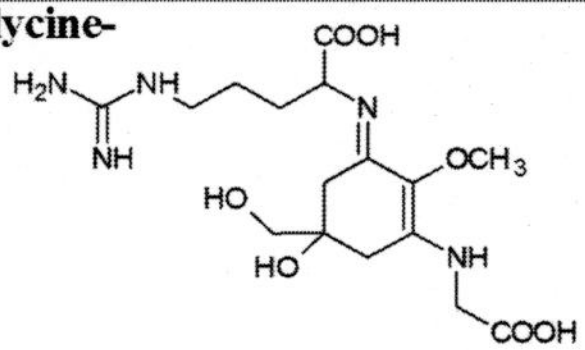

MW: 401

$\lambda_{max} = 335$ nm

$\varepsilon = $ ND

Mycosporine-glycine-cysteine [55]

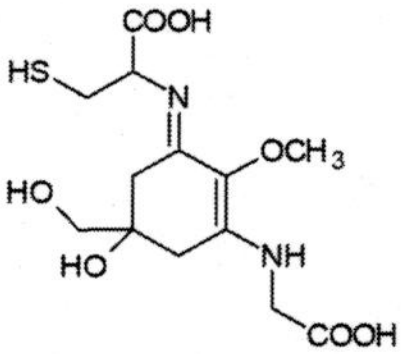

MW: 348

$\lambda_{max} = 335$ nm

$\varepsilon = $ ND

Usujirene [131]

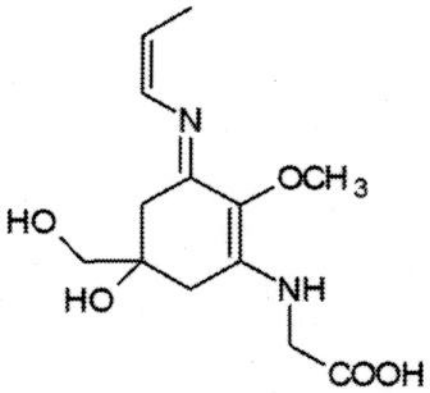

MW: 285

$\lambda_{max} = 357$ nm

$\varepsilon = $ ND

Palythene [132]

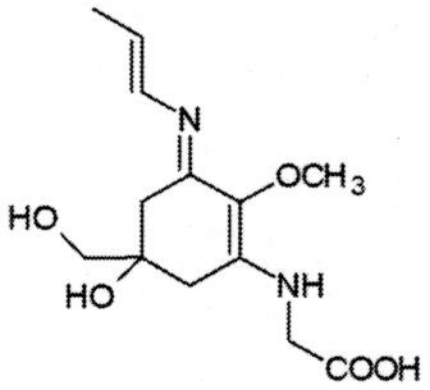

MW: 285

$\lambda_{max} = 360$ nm

$\varepsilon = 50,000$ M^{-1} cm^{-1}

Palythenic acid [133]

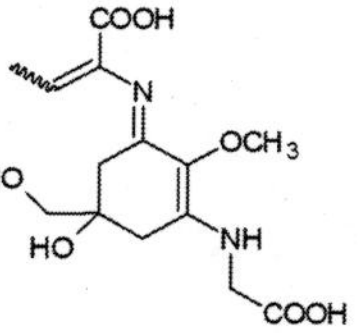

MW: 328

$\lambda_{max} = 337$ nm

$\varepsilon = 29,200$ M^{-1} cm^{-1}

Palythinol [132]

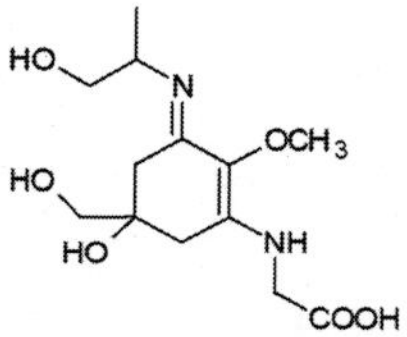

MW: 302

$\lambda_{max} = 332$ nm

$\varepsilon = 43,500$ M^{-1} cm^{-1}

Aplysiapalythine A [134]

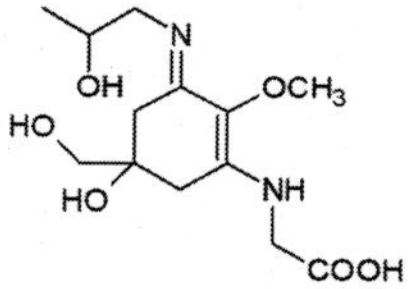

MW: 302

$\lambda_{max} = 332$ nm

$\varepsilon = $ ND

Aplysiapalythine B [134]

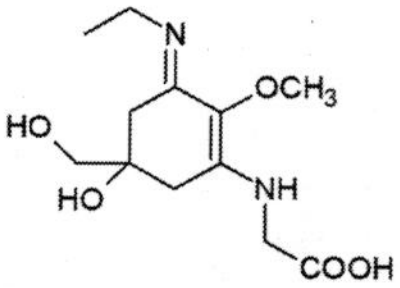

MW: 272

$\lambda_{max} = 332$ nm

$\varepsilon = $ ND

Aplysiapalythine C [134]

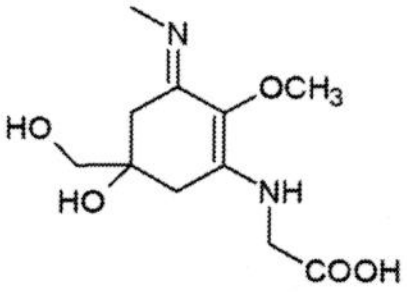

MW: 258

$\lambda_{max} = 330$ nm

$\varepsilon = $ ND

Aplysiapalythine D [135]

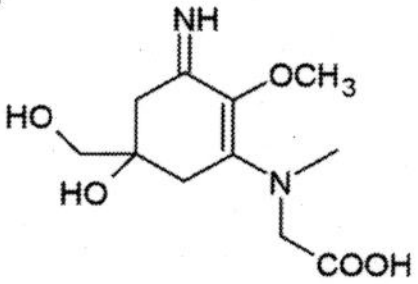

MW: 258

$\lambda_{max} = 334$ nm

$\varepsilon = $ ND

Coelastrin A [136]

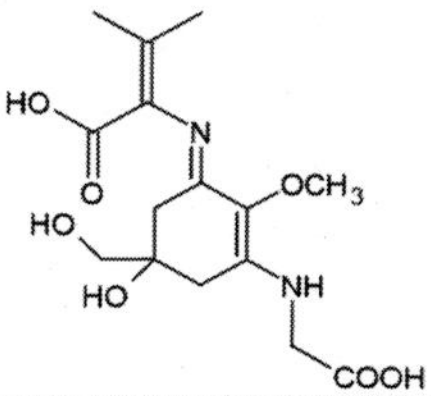

MW: 342

$\lambda_{max} = $ ND

$\varepsilon = $ ND

Palythine [132]	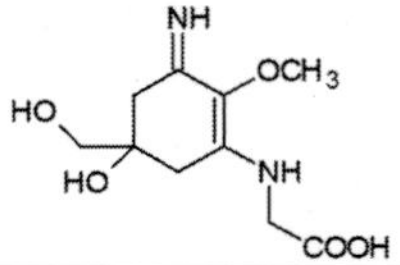	MW: 244 $\lambda_{max} = 320$ nm $\varepsilon = 35{,}500\text{-}36{,}200$ M^{-1} cm^{-1}
Palythine-serine [137]	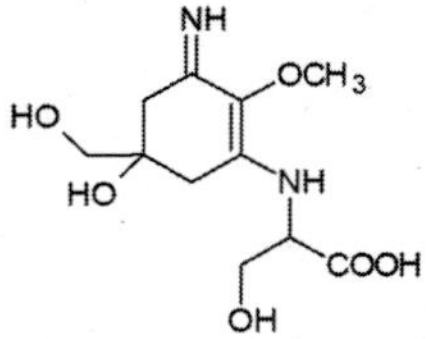	MW: 274 $\lambda_{max} = 320$ nm $\varepsilon = 10{,}500$ M^{-1} cm^{-1}
Palythine-threonine [138]	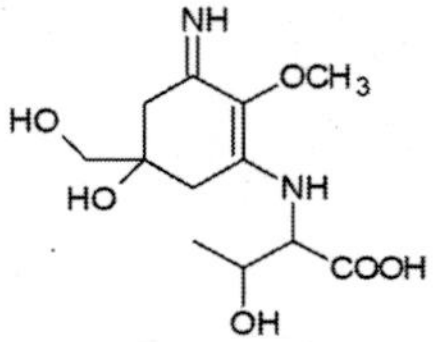	MW: 288 $\lambda_{max} = 320$ nm $\varepsilon = $ ND
Bostrychine A [13]	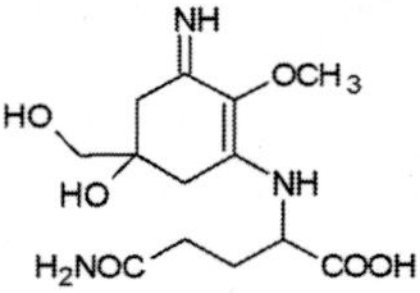	MW: 315 $\lambda_{max} = 322$ nm $\varepsilon = $ ND
Bostrychine B [13]	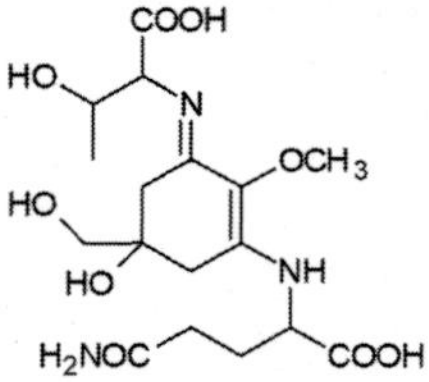	MW: 417 $\lambda_{max} = 335$ nm $\varepsilon = 36{,}155$ M^{-1} cm^{-1}
Bostrychine C [13]	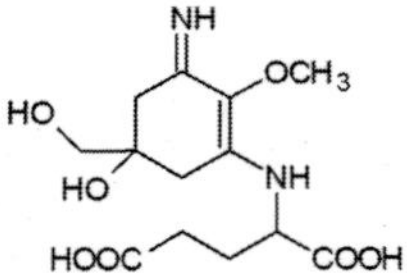	MW: 316 $\lambda_{max} = 322$ nm $\varepsilon = 22{,}351$ M^{-1} cm^{-1}
Bostrychine D [13]	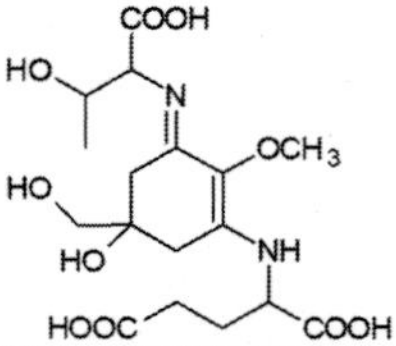	MW: 418 $\lambda_{max} = 322$ nm $\varepsilon = 31{,}956$ M^{-1} cm^{-1}

Bostrychine E [13]

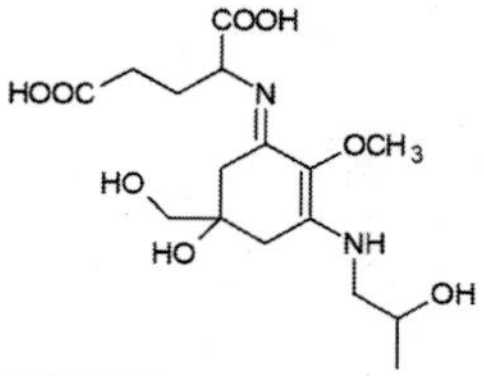

MW: 274

$\lambda_{max} = 333$ nm

$\varepsilon = 21,618$ M^{-1} cm^{-1}

Bostrychine F [13]

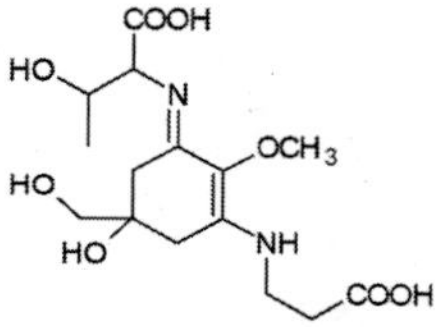

MW: 360

$\lambda_{max} = 332$ nm

$\varepsilon = 44,994$ M^{-1} cm^{-1}

Bostrychine G [139]

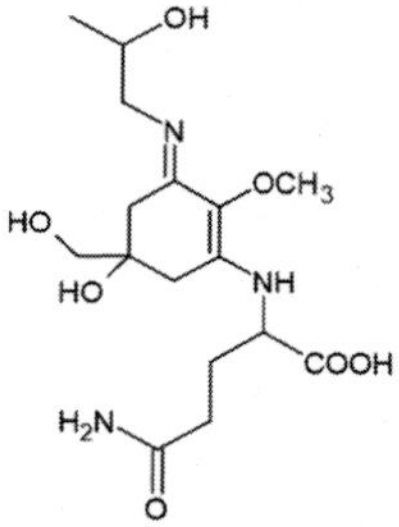

MW: 373

$\lambda_{max} = 334$ nm

$\varepsilon = 28,535$ M^{-1} cm^{-1}

Bostrychine H [139]

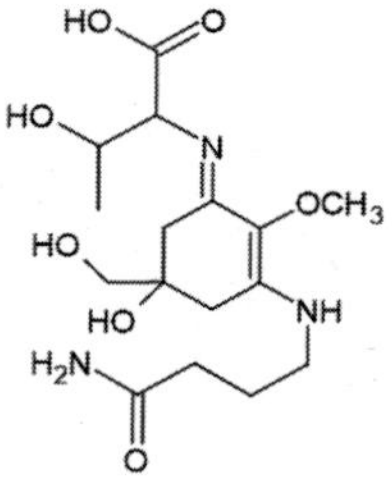

MW: 373

$\lambda_{max} = 334$ nm

$\varepsilon = 19,571$ M^{-1} cm^{-1}

Bostrychine I [139]

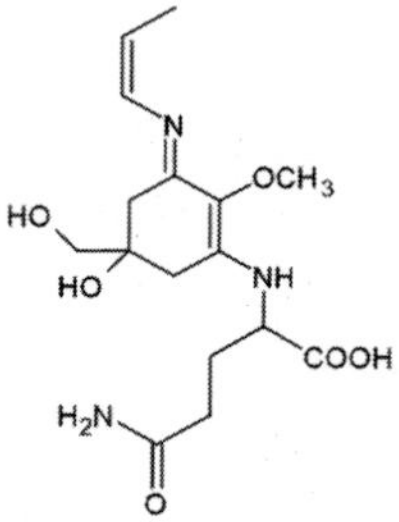

MW: 355

$\lambda_{max} = 360$ nm

$\varepsilon = $ ND

Bostrychine J [139]

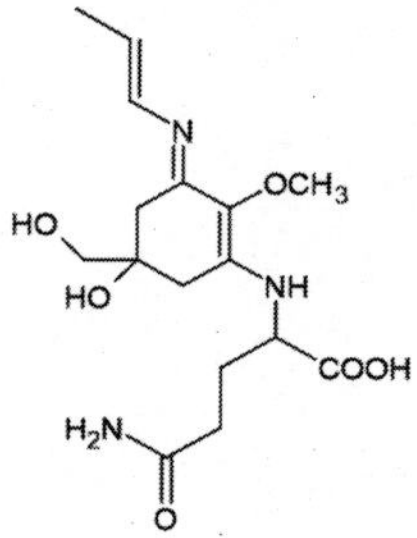

MW: 355

$\lambda_{max} = 360$ nm

$\varepsilon = $ ND

Bostrychine K [139]

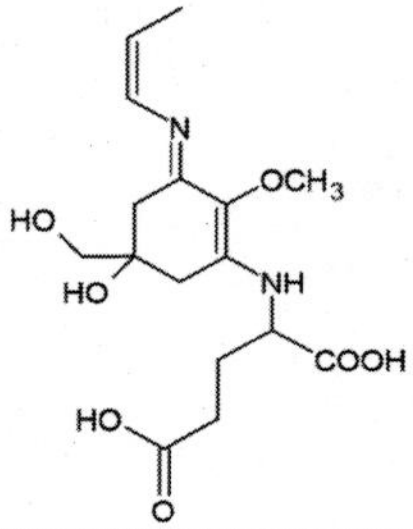

MW: 356

$\lambda_{max} = 357$ nm

$\varepsilon = $ ND

Bostrychine L [139]

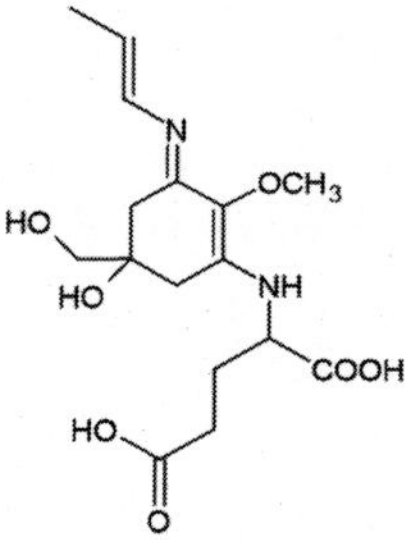

MW: 356

$\lambda_{max} = 357$ nm

$\varepsilon = $ ND

Euhalothece-362 [32]

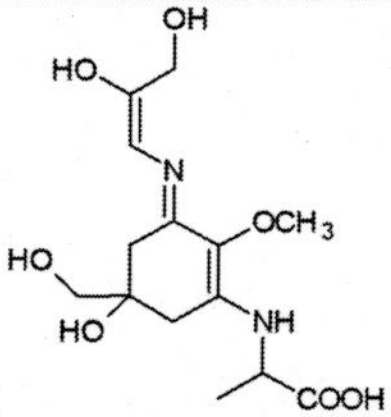

MW: 330

$\lambda_{max} = 362$ nm

$\varepsilon = $ ND

Mycosporine-methylamine-serine [138]

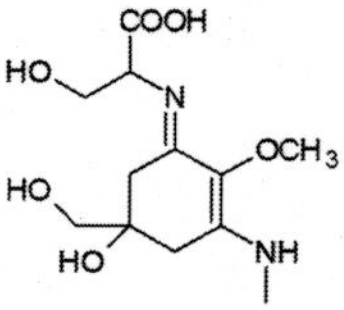

MW: 288

$\lambda_{max} = 325$ nm

$\varepsilon = 16,600$ M^{-1} cm^{-1}

Mycosporine-methylamine-threonine [140]

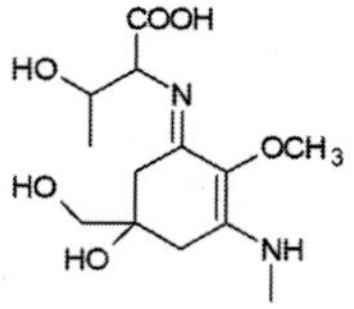

MW: 302

$\lambda_{max} = 330$ nm

$\varepsilon = 33,300$ M^{-1} cm^{-1}

Catenelline (Catenelline A) [141]

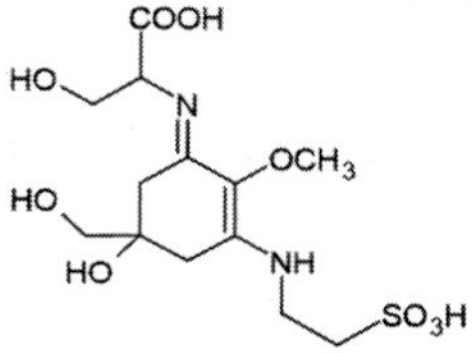

MW: 382

$\lambda_{max} = 334$ nm

$\varepsilon = 18,800$ M^{-1} cm^{-1}

Catenelline B [139]

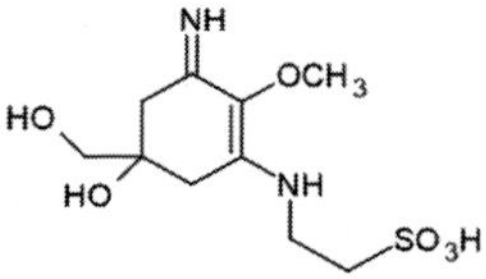

MW: 338

$\lambda_{max} = 320$ nm

$\varepsilon = 73,825$ M^{-1} cm^{-1}

Catenelline C [139]

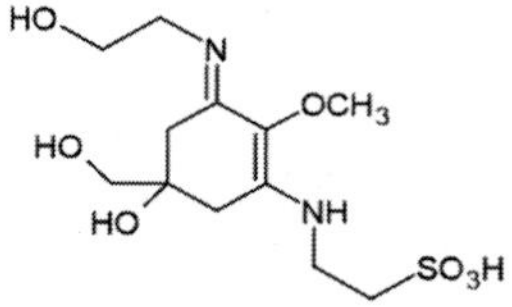

MW: 338

$\lambda_{max} = 330$ nm

$\varepsilon = $ ND

誘導体化されたMAA

Palythine-serine sulfate [142]

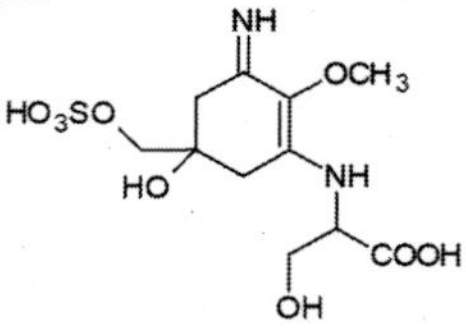

MW: 354

$\lambda_{max} = 321$ nm

$\varepsilon = $ ND

Palythine-threonine sulfate [142]

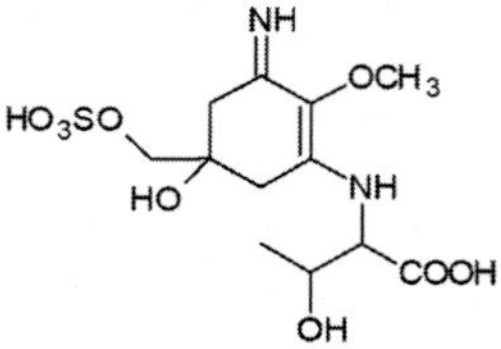

MW: 368

$\lambda_{max} = 321$ nm

$\varepsilon = $ ND

Mycosporine-glutamicol-*O*-glucoside [143]

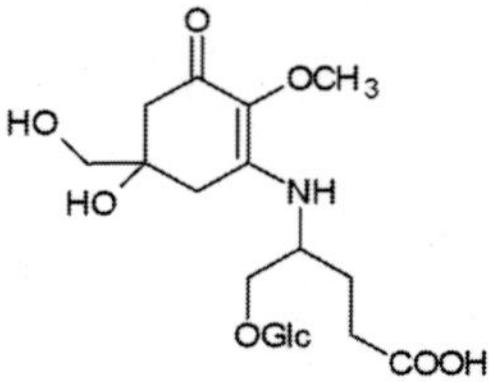

MW: 465

$\lambda_{max} = 310$ nm

$\varepsilon = 25{,}000$ M^{-1} cm^{-1}

Mycosporine-glutaminol-*O*-glucoside [144]

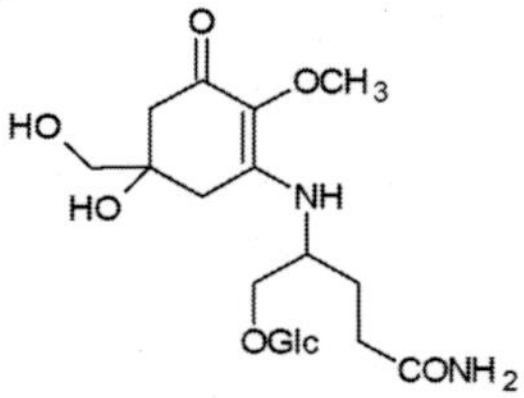

MW: 464

$\lambda_{max} =$ ND

$\varepsilon =$ ND

Klebsormidin A [125]

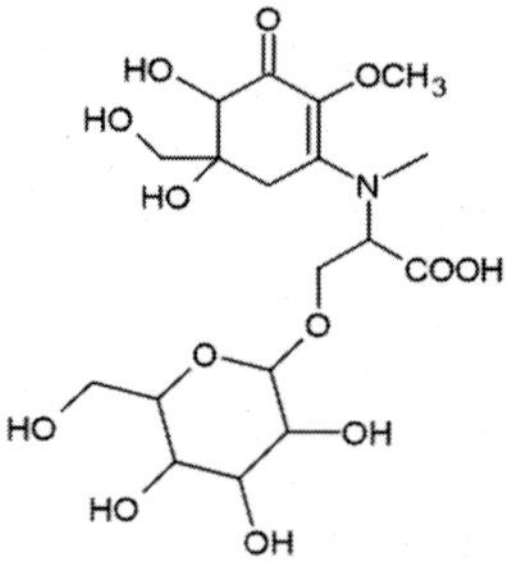

MW: 467

$\lambda_{max} = 324$ nm

$\varepsilon =$ ND

Coelastrin B [136]

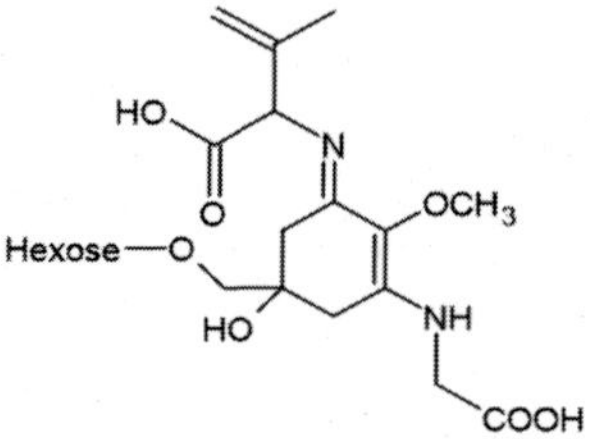

MW: 504

$\lambda_{max} =$ ND

$\varepsilon =$ ND

Hexose-bound palythine-threonine [39] **(450-Da MAA)**

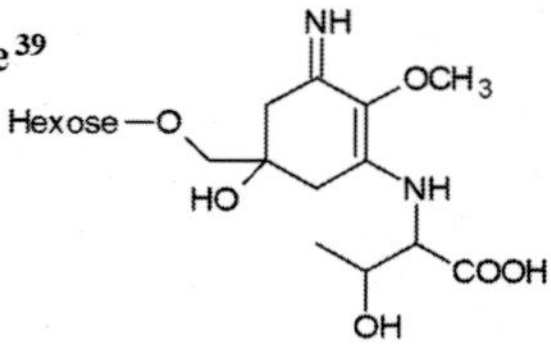

MW: 450

$\lambda_{max} = 322$ nm

$\varepsilon =$ ND

Pentose-bound shinorine[40]
(464-Da MAA)

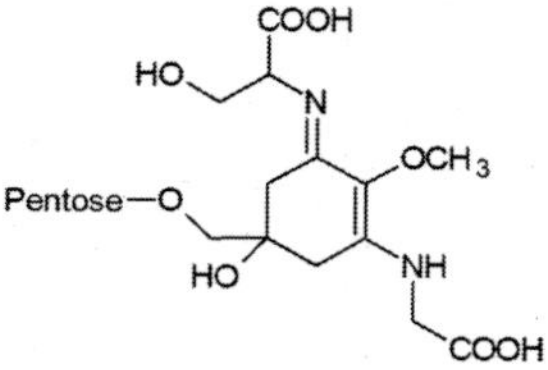

MW: 464

$\lambda_{max} = 332$ nm

$\varepsilon = $ ND

7-O-(β-arabinopyranosyl)-porphyra-334[40]
(478-Da MAA)

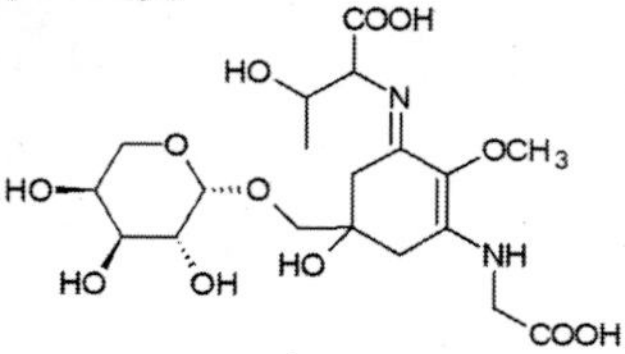

MW: 478

$\lambda_{max} = 335$ nm

$\varepsilon = 33,200$ M^{-1} cm^{-1}

Hexose-bound porphyra-334[39]
(508-Da MAA)

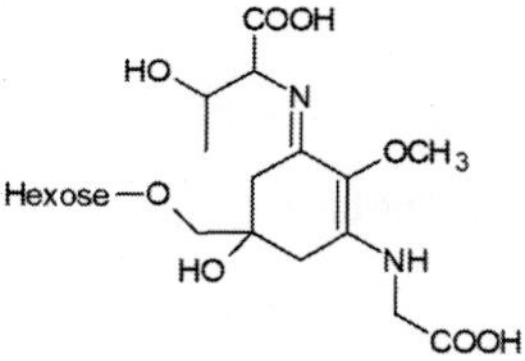

MW: 508

$\lambda_{max} = 334$ nm

$\varepsilon = 36,300$ M^{-1} cm^{-1}

Two hexose-bound palythine-threonine[39]
(612-Da MAA)

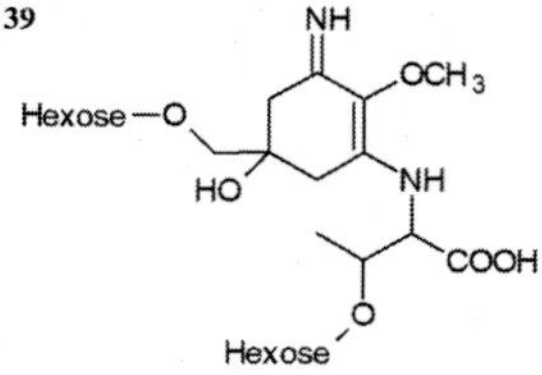

MW: 612

$\lambda_{max} = 322$ nm

$\varepsilon = 28,200$ M^{-1} cm^{-1}

Mycosporine-4-deoxygadusolyl-ornithine[37]

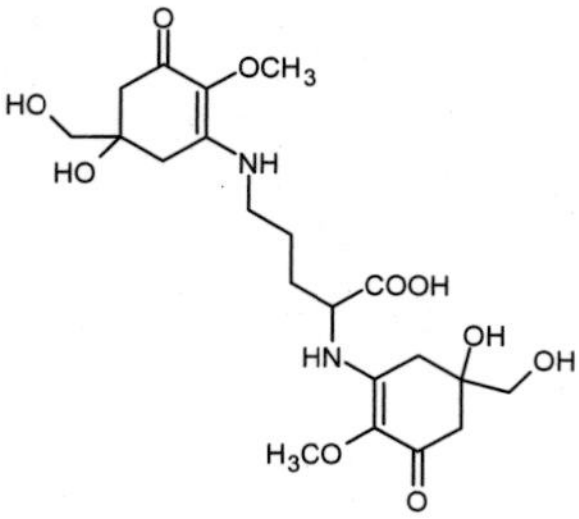

MW: 472

$\lambda_{max} = 314$ nm

$\varepsilon = $ ND

付録 1

Nostoc-756[43]
(Mycosporine-2-(4-deoxygadusolyl-ornithine),
756-Da MAA)

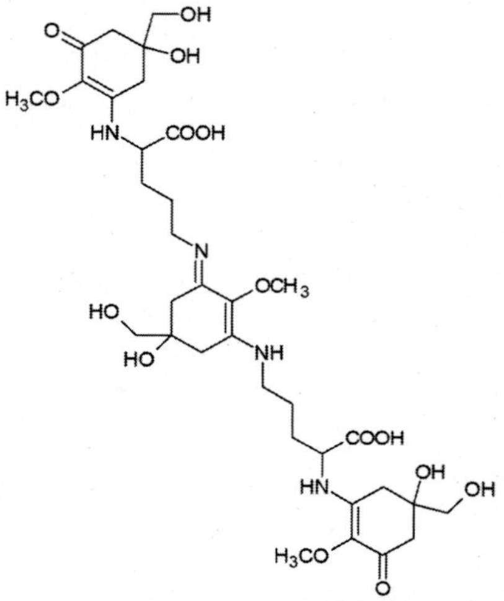

MW: 756

$\lambda_{max} = 313$ nm

$\varepsilon = $ ND

{Mycosporine-ornithine:4-deoxygadusol ornithine}-
β-xylopyranosyl-β-galactopyranoside[40]
(880-Da MAA)

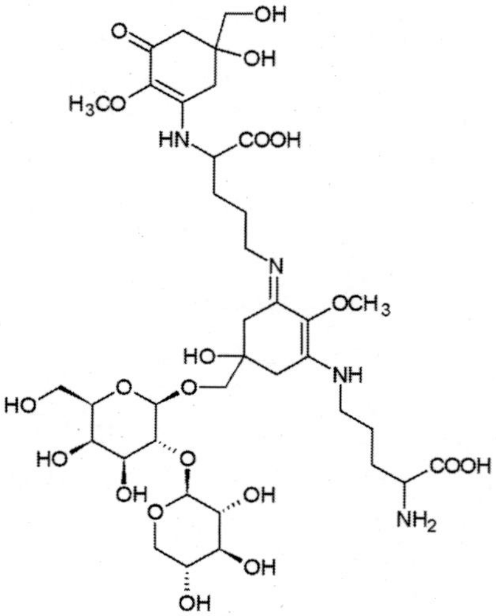

MW: 880

$\lambda_{max} = 331$ nm

$\varepsilon = 49,800$ M^{-1} cm^{-1}

Mycosporine-2-(4-deoxygadusol-ornithine)-β-xylopyranosyl-β-galactopyranoside [40]
(1050-Da MAA)

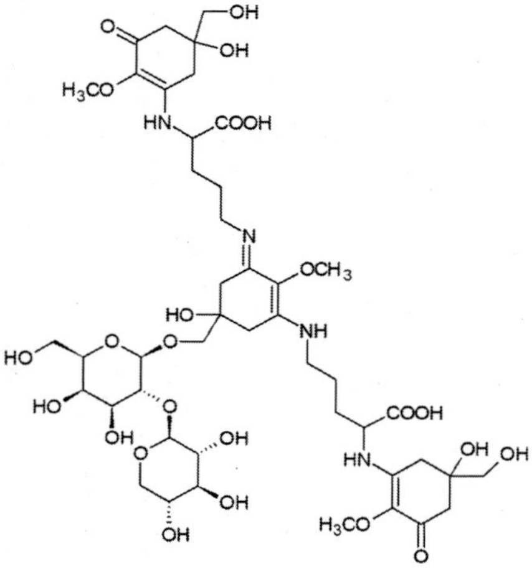

MW: 1050

$\lambda_{max} = 312$ nm

$\varepsilon = 58,800$ M^{-1} cm^{-1}

13-*O*-(β-galactosyl)-porphyra-334 [41]

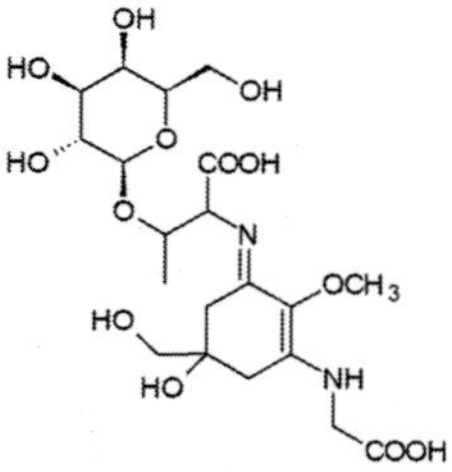

MW: 508

$\lambda_{max} = 334$ nm

$\varepsilon = 47,700$ M^{-1} cm^{-1}

ND: 報告されていない

付録 1 では、Wada, N., Sakamoto, T., & Matsugo, S. (2015). Mycosporine-like amino acids and their derivatives as natural antioxidants. Antioxidants, 4(3), 603–646.に記載の情報を参考にして、その後報告された MAA の情報を加えた。

D'Agostino, P. M., Javalkote, V. S., Mazmouz, R., Pickford, R., Puranik, P. R., & Neilan, B. A. (2016). Comparative profiling and discovery of novel glycosylated mycosporine-like amino acids in two strains of the cyanobacterium *Scytonema cf. crispum*. Applied and Environmental Microbiology, 82(19), 5951–5959.において hexose-bound shinorine および hexose-bound palythine-serine の報告があるが、hexose の MAA への結合部位が明らかになっていないため、リストからは除外した。

付録2　アミノ酸の分類と構造

1．蛋白質の構成アミノ酸

分類		アミノ酸 (英語表記)	三文字 表記	一文字 表記	構造	分子量 (分子式)
中性アミノ酸	脂肪族アミノ酸	グリシン (Glycine)	Gly	G	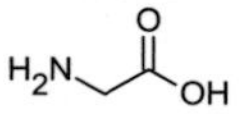	75 ($C_2H_5NO_2$)
		アラニン (Alanine)	Ala	A	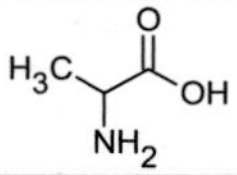	89 ($C_3H_7NO_2$)
		バリン (Valine)	Val	V	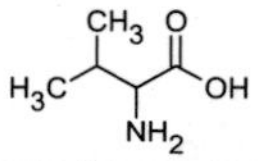	117 ($C_5H_{11}NO_2$)
		ロイシン (Leucine)	Leu	L	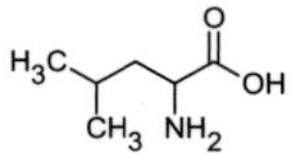	131 ($C_6H_{13}NO_2$)
		イソロイシン (Isoleucine)	Ile	I	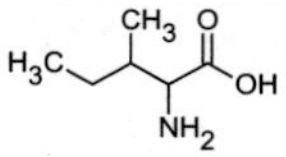	131 ($C_2H_5NO_2$)
	オキシアミノ酸	セリン (Serine)	Ser	S	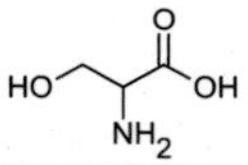	105 ($C_3H_7NO_3$)
		スレオニン (Threonine)	Thr	T	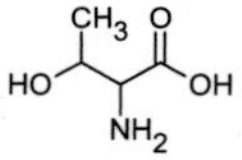	119 ($C_4H_9NO_3$)
	硫黄を含むアミノ酸	システイン (Cysteine)	Cys	C	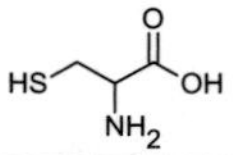	121 ($C_3H_7NO_2S$)
		シスチン (Cystine)	(Cys)₂	—	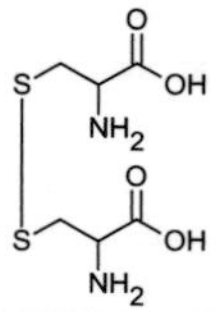	240 ($C_6H_{12}N_2O_4S_2$)
		メチオニン (Methionine)	Met	M	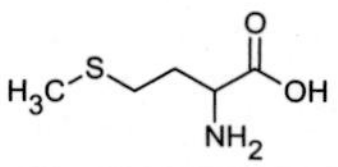	149 ($C_5H_{11}NO_2S$)

芳香族アミノ酸	フェニルアラニン (Phenylalanine)	Phe	F	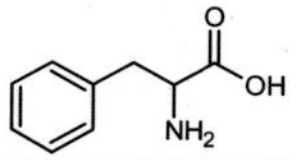	165 ($C_9H_{11}NO_2$)
	チロシン (Tyrosine)	Tyr	Y	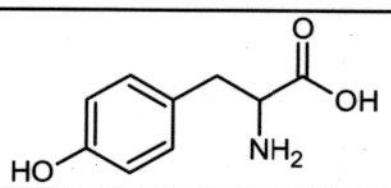	181 ($C_9H_{11}NO_3$)
	トリプトファン (Tryptophan)	Trp	W	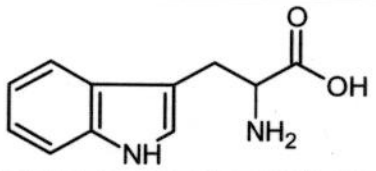	204 ($C_{11}H_{12}N_2O_2$)
イミノ酸	プロリン (Proline)	Pro	P	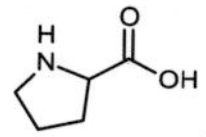	115 ($C_5H_9NO_2$)
	ヒドロキシプロリン (Hydroxyproline)	Hyp	—	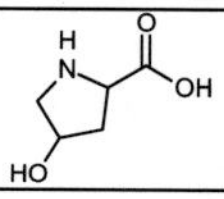	131 ($C_5H_9NO_3$)
酸アミド	アスパラギン (Asparagine)	Asn	N	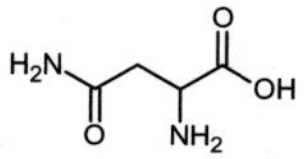	132 ($C_4H_8N_2O_3$)
	グルタミン (Glutamine)	Gln	Q	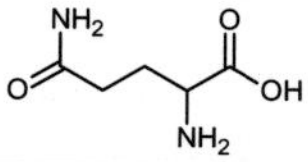	146 ($C_5H_{10}N_2O_3$)
酸性アミノ酸	アスパラギン酸 (Aspartic acid)	Asp	D	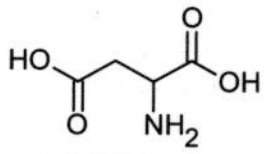	133 ($C_4H_7NO_4$)
	グルタミン酸 (Glutamic Acid)	Glu	E	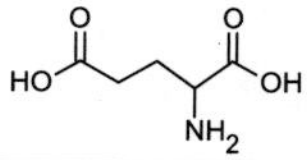	147 ($C_5H_9NO_4$)
塩基性アミノ酸	リジン (Lysine)	Lys	K	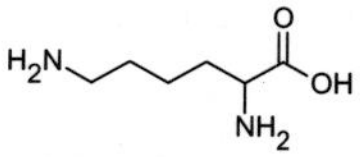	146 ($C_6H_{14}N_2O_2$)
	ヒスチジン (Histidine)	His	H	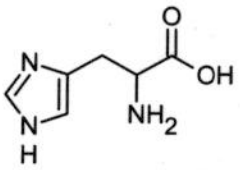	155 ($C_6H_9N_3O_2$)
	アルギニン (Arginine)	Arg	R	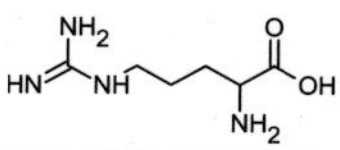	174 ($C_6H_{14}N_4O_2$)

2．蛋白質の構成成分以外の代表的なアミノ酸

分類		アミノ酸 （英語表記）	略語表記	構造	分子量 （分子式）
α－アミノ酸	脂肪族アミノ酸	α-アミノ酪酸 （α-Aminobutyric acid）	Abu	H₃C———COOH構造	103 ($C_4H_9NO_2$)
		ノルバリン （Norvaline）	Nva	H₃C構造	117 ($C_5H_{11}NO_2$)
		ノルロイシン （Norleucine）	Nle	H₃C構造	131 ($C_6H_{13}NO_2$)
		ホモロイシン （Homoleucine）	Hle	構造	145 ($C_7H_{15}NO_2$)
	オキシアミノ酸	ホモセリン （Homoserine）	Hse	HO構造	119 ($C_4H_9NO_3$)
	硫黄を含むアミノ酸	ホモシステイン （Homocysteine）	Hcy	HS構造	135 ($C_4H_9NO_2S$)
		システイン酸 （Cysteic acid）	－	HO₃S構造	169 ($C_3H_7NO_5S$)
	芳香族アミノ酸	ドーパ （3,4-Dihydroxyphenylalanine）	DOPA	構造	197 ($C_9H_{11}NO_4$)
	塩基性アミノ酸	オルニチン （Ornithine）	Orn	H₂N構造	132 ($C_5H_{11}N_2O_2$)
β-アミノ酸		β-アラニン （β-Alanine）	β-Ala	H₂N構造	89 ($C_3H_7NO_2$)
γ-アミノ酸		γ-アミノ酪酸 （γ-Aminobutyric acid）	GABA	H₂N構造	103 ($C_4H_9NO_2$)
アミノスルホン酸		タウリン （Taurine）	Tau	H₂N———SO₃H	125 ($C_2H_7NO_3S$)

付録3　MAA の分子構造の相関図

1．全体図

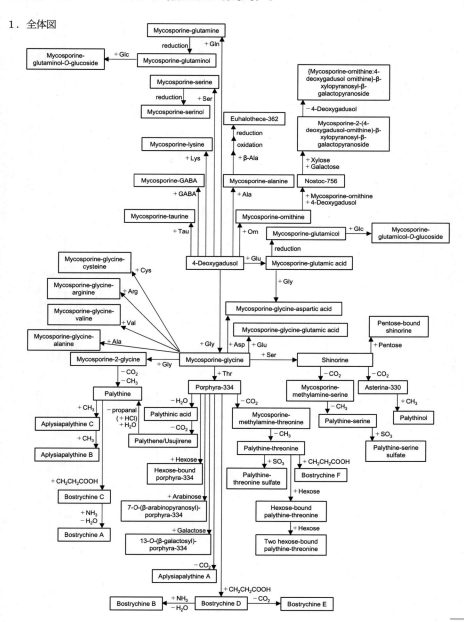

付録 3

2．4-Deoxygadusol を中心とする相関図（全体図の下部）

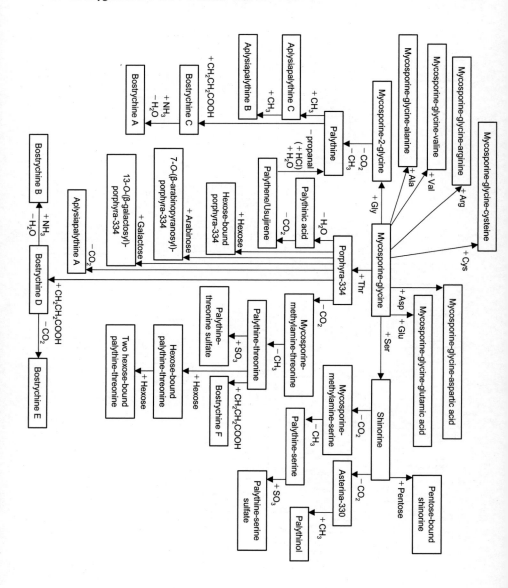

3．Mycosporine-glycine を中心とする相関図（全体図の上部）

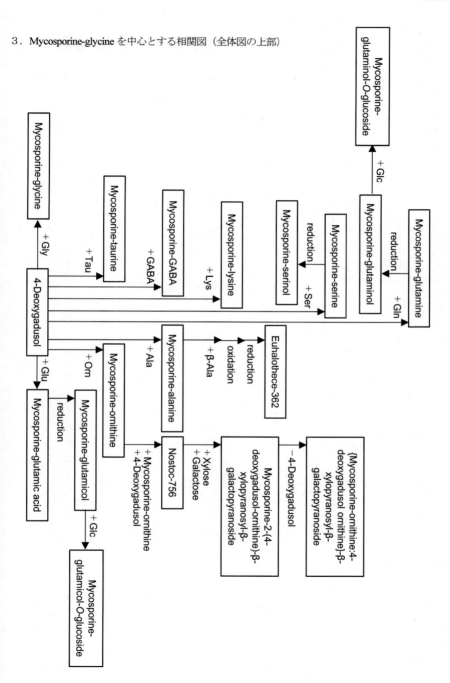

付録4　MAA の分子構造中の炭素原子の位置番号

下のシクロヘキセノン構造およびシクロヘキセンイミン構造中の①～⑧が炭素の位置番号を示す。

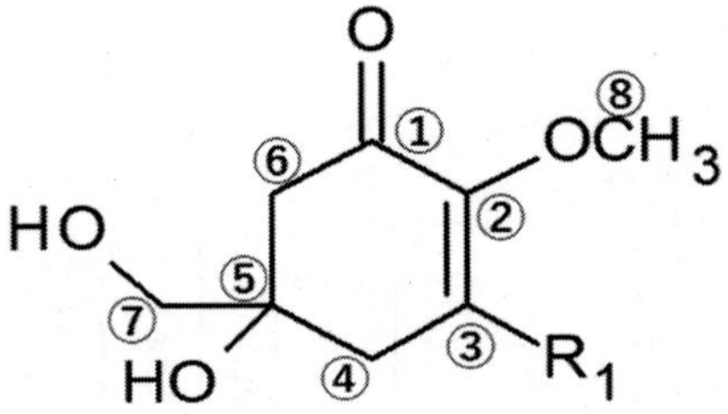

シクロヘキセノン構造

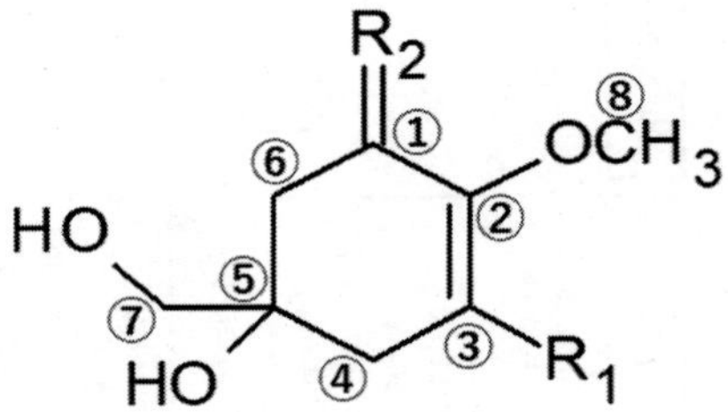

シクロヘキセンイミン構造

付録5　シトネミン生合成経路の概略

　シトネミンの生合成に関与する遺伝子については 2007 年に初めて報告された [145]。この報告では、シアノバクテリア *Nostoc punctiforme* ATCC 29133 を用いたランダムトランスポゾン変異導入により、シトネミン生合成経路に関与する 18 遺伝子 (*NpR1276-NpR1259*) からなる遺伝子群を同定している。この遺伝子群は、シアノバクテリアの多様な株間でよく保存されていた [146]。シトネミンは、芳香族アミノ酸であるトリプトファンとチロシンの誘導体から合成されると考えられてきた。実際、*N. punctiforme* で同定された遺伝子クラスターには、芳香族アミノ酸生合成経路に関連する 8 つの遺伝子（チロシン生合成遺伝子：*tyrA* として *NpR1269*、トリプトファン生合成遺伝子：*trpE, trpC, trpA, trpB, trpD* としてそれぞれ *NpR1266, NpR1265, NpR1264, NpR1262, NpR1261*、シキミ酸経路関連遺伝子：*aroB, aroG* としてそれぞれ *NpR1267, NpR1260*）が含まれている [145]。

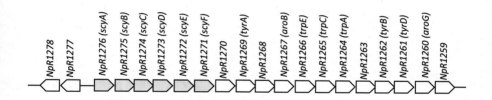

　N. punctiforme のシトネミン合成遺伝子クラスターでは、*NpR1276-NpR1271* の 6 遺伝子がシトネミン生合成の中核となる反応を触媒すると考えられており、それぞれ *scyA-F* と名付けられた。ScyB は、NADH 依存性オキシドレダクターゼに類似しており、シトネミン生合成の初期反応段階を担う酵素として同定された [147]。ScyB はトリプトファンの酸化的脱アミノ化を促進する触媒作用を有し、インドール-3-ピルビン酸 (I3P) を合成すると考えられている。I3P はシトネミンの単量体多環アルカロイドに必要な前駆物質の 1 つである。第二の前駆体化合物である p-ヒドロキシフェニルピルビン酸 (HPP) は、*NpR1269* がコードする TyrA によってプレフェン酸から変換されると考えられている [147]。アセト乳酸合成酵素と相同性がある ScyA は、I3P と HPP の縮合反応を促進する触媒作用を有する。この生化学的性質は、*in vitro* の実験によって明らかにされた [147]。縮合反応の生成物は、ScyC によって環化され、脱炭酸される [148]。このようにして得られた単量体化合物は、ScyD、ScyE、ScyF によって二量体化されると考えられているが、これらのタンパク質の詳細な反応機構はまだ不明で

付録 5

ある。ScyD、ScyE、ScyF は、アミノ酸配列中にシグナルドメインが存在しており、ペリプラズム空間に存在すると考えられている。したがって、シアノバクテリアの細胞内では、シトネミン生合成は、前期のモノマー前駆体化合物の合成と後期の二量体化反応が、それぞれ細胞質空間とペリプラズム空間で起こり、コンパートメント化されていると考えられる。また、シトネミン生合成遺伝子群の直上流に存在する 2 成分情報伝達経路に関与する因子（*NpR1277/NpR1278*）が同定され、*N. punctiforme* のシトネミン生合成に *NpR1278* が必須であることが明らかになっている [149]。

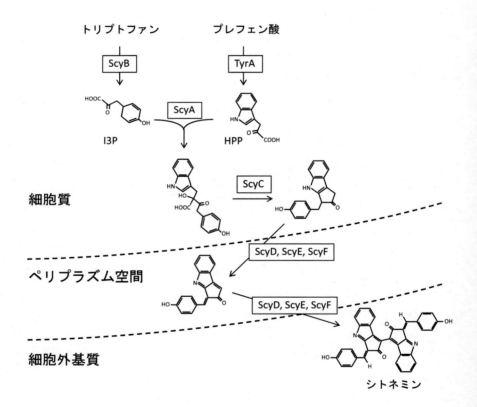

参 考 文 献

(1) Oren, A.*et al.* Mycosporines and mycosporine-like amino acids: UV protectants or multipurpose secondary metabolites? *FEMS Microbiol Lett* **2007**, *269*(1), 1-10.

(2) Daniel, S.*et al.* UV-A sunscreen from red algae for protection against premature skin aging. *Cosmetics and Toiletries Manufacture Worldwide* **2004**, 139-143.

(3) Conde, F. R.*et al.* The deactivation pathways of the excited-states of the mycosporine-like amino acids shinorine and porphyra-334 in aqueous solution. *Photochem Photobiol Sci* **2004**, *3*(10), 960-967.

(4) Zhaohui, Z.*et al.* Researches on the stability of porphyra-334 solution and its influence factors. *Journal of Ocean University of China* **2004**, *3*.

(5) Matsuyama, K.*et al.* pH-independent charge resonance mechanism for UV protective functions of shinorine and related mycosporine-like amino acids. *J Phys Chem A* **2015**, *119* (51), 12722-12729.

(6) Hatakeyama, M.*et al.* Intrinsic nature of the ultrafast deexcitation pathway of mycosporine-like amino acid porphyra-334. *The Journal of Physical Chemistry A* **2022**, *126*(41), 7460-7467.

(7) Geraldes, V.*et al.* Mycosporine-like amino acids (MAAs): Biology, chemistry and identification features. *Pharmaceuticals (Basel)* **2021**, *14*(1).

(8) Miyamoto, K. T.*et al.* Discovery of gene cluster for mycosporine-like amino acid biosynthesis from *Actinomycetales* microorganisms and production of a novel mycosporine-like amino acid by heterologous expression. *Appl Environ Microbiol* **2014**, *80*(16), 5028-5036.

(9) Shinzato, C.*et al.* Using the *Acropora digitifera* genome to understand coral responses to environmental change. *Nature* **2011**, *476*(7360), 320-323.

(10) Sun, Y.*et al.* Distribution, contents, and types of mycosporine-like amino acids (MAAs) in marine macroalgae and a database for MAAs based on these characteristics. *Mar Drugs* **2020**, *18*(1).

(11) Sun, Y.*et al.* Extraction, isolation and characterization of mycosporine-like amino acids from four species of red macroalgae. *Mar Drugs* **2021**, *19*(11).

(12) Navarro, N.*et al.* Mycosporine-like amino acids from red algae to develop natural UV sunscreens. In *Sunscreens: Source, Formulations, Efficacy and Recommendations*, Rastogi, R. P. Ed.; Nova Science Publishers, 2018.

(13) Orfanoudaki, M.*et al.* Absolute configuration of mycosporine-like amino acids, their wound healing properties and in vitro anti-aging effects. *Marine Drugs* **2020**, *18*(1), 35.

(14) Brawley, S. H.*et al.* Insights into the red algae and eukaryotic evolution from the genome of *Porphyra umbilicalis* (Bangiophyceae, Rhodophyta). *Proc Natl Acad Sci U S A* **2017**, *114*(31),

E6361-E6370.

(15) Kageyama, H.*et al.* Cynaobacterial UV sunscreen: Biosynthesis, regulation, and application. In *Sunscreens: Source, Formulations, Efficacy and Reccomendations*, Rastogi, R. P. Ed.; Nova Science Publishers, 2018.

(16) Singh, S. P.*et al.* Mycosporine-like amino acids (MAAs) profile of a rice-field cyanobacterium *Anabaena doliolum* as influenced by PAR and UVR. *Planta* **2008**, *229*(1), 225-233.

(17) Sinha, R. P.*et al.* UV-B-induced synthesis of mycosporine-like amino acids in three strains of *Nodularia* (cyanobacteria). *J Photochem Photobiol B* **2003**, *71* (1-3), 51-58.

(18) Rastogi, R. P.*et al.* UV radiation-induced biosynthesis, stability and antioxidant activity of mycosporine-like amino acids (MAAs) in a unicellular cyanobacterium *Gloeocapsa* sp. CU2556. *J Photochem Photobiol B* **2014**, *130*, 287-292.

(19) Rastogi, R. P.*et al.* Analysis of UV-absorbing photoprotectant mycosporine-like amino acid (MAA) in the cyanobacterium *Arthrospira* sp. CU2556. *Photochemical & Photobiological Sciences* **2014**, *13*(7), 1016-1024.

(20) Rastogi, R. P.*et al.* Characterization of UV-screening compounds, mycosporine-like amino acids, and scytonemin in the cyanobacterium *Lyngbya* sp. CU2555. *FEMS Microbiol Ecol* **2014**, *87*(1), 244-256.

(21) Singh, S. P.*et al.* Effects of abiotic stressors on synthesis of the mycosporine-like amino acid shinorine in the cyanobacterium *Anabaena variabilis* PCC 7937. *Photochemistry and Photobiology* **2008**, *84*, 1500-1505.

(22) Portwich, A.*et al.* Ultraviolet and osmotic stresses induce and regulate the synthesis of mycosporines in the cyanobacterium *Chlorogloeopsis* PCC 6912. *Arch Microbiol* **1999**, *172*, 187-192.

(23) Sinha, R. P.*et al.* Induction of mycosporine-like amino acids (MAAs) in cyanobacteria by solar ultraviolet-B radiation. *Journal of Photochemistry and Photobiology B: Biology* **2001**, *60*, 129-135.

(24) Waditee-Sirisattha, R.*et al.* Identification and upregulation of biosynthetic genes required for accumulation of Mycosporine-2-glycine under salt stress conditions in the halotolerant cyanobacterium *Aphanothece halophytica*. *Applied and Environmental Microbiology* **2014**, *80*(5), 1763-1769.

(25) Shang, J. L.*et al.* UV-B induced biosynthesis of a novel sunscreen compound in solar radiation and desiccation tolerant cyanobacteria. *Environmental Microbiology* **2018**, *20* (1), 200-213.

(26) Zhang, L.*et al.* Protective effects of mycosporine-like amino acids of *Synechocystis* sp. PCC 6803 and their partial characterization. *J Photochem Photobiol B* **2007**, *86*(3), 240-245.

(27) Portwich, A.*et al.* A novel prokaryotic UVB photoreceptor in the cyanobacterium *Chlorogloeopsis* PCC 6912. *Photochem Photobiol* **2000**, *71* (4), 493-498.

(28) Saha, S.*et al.* Mycosporine-alanine, an oxo-mycosporine, protect *Hassallia byssoidea* from high UV and solar irradiation on the stone monument of Konark. *Journal of Photochemistry and Photobiology B: Biology* 2021, *224*, 112302.

(29) Waditee-Sirisattha, R.*et al.* Nitrate and amino acid availability affects glycine betaine and mycosporine-2-glycine in response to changes of salinity in a halotolerant cyanobacterium *Aphanothece halophytica. FEMS Microbiology Letters* 2015, *362*(23), fnv198.

(30) Patipong, T.*et al.* Efficient bioproduction of mycosporine-2-glycine, which functions as potential osmoprotectant, using *Escherichia coli* cells. *Natural Product Communications* 2017, *12*(10), 1593-1594.

(31) Kedar, L.*et al.* Mycosporine-2-glycine is the major mycosporine-like amino acid in a unicellular cyanobacterium (*Euhalothece* sp.) isolated from a gypsum crust in a hypersaline saltern pond. *FEMS Microbiology Letters* 2002, *208*, 233-237.

(32) Volkmann, M.*et al.* Structure of euhalothece-362, a novel red-shifted mycosporine-like amino acid, from a halophilic cyanobacterium (*Euhalothece* sp.). *FEMS Microbiol Lett* 2006, *258*(1), 50-54.

(33) Liu, Z.*et al.* Occurrence of mycosporine-like amino acids (MAAs) in the bloom-forming cyanobacterium *Microcystis aeruginosa. Journal of Plankton Research* 2004, *26*(8), 963-966.

(34) Hu, C.*et al.* Functional assessment of mycosporine-like amino acids in *Microcystis aeruginosa* strain PCC 7806. *Environ Microbiol* 2015, *17*(5), 1548-1559.

(35) Patipong, T.*et al.* Induction of antioxidative activity and antioxidant molecules in the halotolerant cyanobacterium *Halothece* sp. PCC7418 by temperature shift. *Natural Product Communications* 2019, *14*(7), 1-6.

(36) Shick, J. M.*et al.* Mycosporine-like amino acids and related Gadusols: biosynthesis, acumulation, and UV-protective functions in aquatic organisms. *Annu Rev Physiol* 2002, *64*, 223-262.

(37) Zhang, Z. C.*et al.* New types of ATP-grasp ligase are associated with the novel pathway for complicated mycosporine-like amino acid production in desiccation-tolerant cyanobacteria. *Environmental Microbiology* 2021, *23*(11), 6420-6432.

(38) Sinha, R. P.*et al.* Wavelength-dependent induction of a mycosporine-like amino acid in a rice-field cyanobacterium, *Nostoc commune*: role of inhibitors and salt stress. *Photochem Photobiol Sci* 2003, *2*(2), 171-176.

(39) Nazifi, E.*et al.* Glycosylated porphyra-334 and palythine-threonine from the terrestrial cyanobacterium *Nostoc commune. Mar Drugs* 2013, *11*(9), 3124-3154.

(40) Nazifi, E.*et al.* Characterization of the chemical diversity of glycosylated mycosporine-like amino acids in the terrestrial cyanobacterium *Nostoc commune. Journal of Photochemistry and Photobiology B: Biology* 2015, *142*, 154-168.

(41) Ishihara, K.*et al.* Novel glycosylated mycosporine-like amino acid, 13-O-(beta-galactosyl)-

porphyra-334, from the edible cyanobacterium *Nostoc sphaericum* protective activity on human keratinocytes from UV light. *Journal of Photochemistry and Photobiology B: Biology* **2017**, *172*, 102-108.

(42) Inoue-Sakamoto, K.*et al.* Characterization of mycosporine-like amino acids in the cyanobacterium *Nostoc verrucosum*. *J Gen Appl Microbiol* **2018**, *64*(5), 203-211.

(43) Sakamoto, T.*et al.* Four chemotypes of the terrestrial cyanobacterium Nostoc commune characterized by differences in the mycosporine-like amino acids. *Phycological Research* **2019**, *67*(1), 3-11.

(44) Favre-Bonvin, J.*et al.* Biosynthesis of mycosporines: Mycosporine glutaminol in *Trichothecium roseum*. *Phytochemistry* **1987**, *26*(9), 2509-2514.

(45) Portwichi, A.*et al.* Biosynthetic pathway of mycosporines (mycosporine-like amino acids) in the cyanobacterium *Chlorogloeopsis* sp. strain PCC 6912. *Phycologia* **2003**, *42*(4), 384-392.

(46) Shick, J. M.*et al.* Ultraviolet-B radiation stimulates shikimate pathway-dependent accumulation of mycosporine-like amino acids in the coral *Stylophora pistillata* despite decreases in its population of symbiotic dinoflagellates. *Limnology and Oceanography* **1999**, *44*(7), 1667–1682.

(47) Singh, S. P.*et al.* Genome mining of mycosporine-like amino acid (MAA) synthesizing and non-synthesizing cyanobacteria: A bioinformatics study. *Genomics* **2010**, *95*(2), 120-128.

(48) Balskus, E. P.*et al.* The genetic and molecular basis for sunscreen biosynthesis in cyanobacteria. *Science* **2010**, *329*(5999), 1653-1656.

(49) Spence, E.*et al.* Redundant pathways of sunscreen biosynthesis in a cyanobacterium. *Chembiochem* **2012**, *13*(4), 531-533.

(50) Pope, M. A.*et al.* *O*-Methyltransferase is shared between the pentose phosphate and shikimate pathways and is essential for mycosporine-like amino acid biosynthesis in *Anabaena variabilis* ATCC 29413. *Chembiochem* **2015**, *16*(2), 320-327.

(51) Katoch, M.*et al.* Heterologous production of cyanobacterial mycosporine-like amino acids mycosporine-ornithine and mycosporine-lysine in *Escherichia coli. Appl Environ Microbiol* **2016**, *82*(20), 6167-6173.

(52) Shoguchi, E.*et al.* Two divergent Symbiodinium genomes reveal conservation of a gene cluster for sunscreen biosynthesis and recently lost genes. *BMC Genomics* **2018**, *19*(1), 458.

(53) Shoguchi, E. Gene clusters for biosynthesis of mycosporine-like amino acids in dinoflagellate nuclear genomes: Possible recent horizontal gene transfer between species of Symbiodiniaceae (Dinophyceae). *J Phycol* **2021**.

(54) D'Agostino, P. M.*et al.* Comparative profiling and discovery of novel glycosylated mycosporine-like amino acids in two strains of the cyanobacterium *Scytonema* cf. *crispum. Applied and Environmental Microbiology* **2016**, *82*(19), 5951-5959.

(55) Chen, M.*et al.* Biosynthesis and heterologous production of mycosporine-like amino acid

palythines. *The Journal of Organic Chemistry* **2021**, *86* (16), 11160-11168.

(56) Kim, S.*et al.* Efficient production of natural sunscreens shinorine, porphyra-334, and mycosporine-2-glycine in *Saccharomyces cerevisiae*. *Metabolic Engineering* **2023**, *78*, 137-147.

(57) Libkind, D.*et al.* Constitutive and UV-inducible synthesis of photoprotective compounds (carotenoids and mycosporines) by freshwater yeasts. *Photochem Photobiol Sci* **2004**, *3* (3), 281-286.

(58) Riegger, L.*et al.* Photoinduction of UV-absorbing compounds in *Antarctic diatoms* and Phaeocystis antarctica. *Marine Ecology Progress Series* **1997**, *160*, 13-25.

(59) Klisch, M.*et al.* Mycosporine-like amino acids in the marine dinoflagellate *Gyrodinium dorsum*: induction by ultraviolet irradiation. *J Photochem Photobiol B* **2000**, *55* (2-3), 178-182.

(60) Arróniz-Crespo, M.*et al.* Ultraviolet radiation-induced changes in mycosporine-like amino acids and physiological variables in the red alga *Lemanea fluviatilis*. *Journal of Freshwater Ecology* **2005**, *20* (4), 677-687.

(61) Gao, Q.*et al.* Microbial ultraviolet sunscreens. *Nature Reviews Microbiology* **2011**, *9* (11), 791-802.

(62) Wright, D. J.*et al.* UV irradiation and desiccation modulate the three-dimensional extracellular matrix of *Nostoc commune* (Cyanobacteria). *J Biol Chem* **2005**, *280* (48), 40271-40281.

(63) Vale, P. Effects of light and salinity stresses in production of mycosporine-like amino acids by *Gymnodinium catenatum* (Dinophyceae). *Photochem Photobiol* **2015**, *91* (5), 1112-1122.

(64) Peinado, N. K.*et al.* Ammonium and UV radiation stimulate the accumulation of mycosporine-like amino acids in *Porphyra columbina* (Rhodophyta) from Patagonia, Argentina. *Journal of Phycology* **2004**, *40* (2), 248-259.

(65) Singh, S. P.*et al.* Sulfur deficiency changes mycosporine-like amino acid (MAA) composition of *Anabaena variabilis* PCC 7937: A possible role of sulfur in MAA bioconversion. *Photochemistry and Photobiology* **2010**, *86*, 862–870.

(66) Carreto, J. I.*et al.* A high-resolution reverse-phase liquid chromatography method for the analysis of mycosporine-like amino acids (MAAs) in marine organisms. *Marine Biology* **2005**, *146*, 237-252.

(67) Llewellyn, C. A.*et al.* Mycosporine-like amino acid and aromatic amino acid transcriptome response to UV and far-red light in the cyanobacterium *Chlorogloeopsis fritschii* PCC 6912. *Sci Rep* **2020**, *10* (1), 20638.

(68) Ingalls, A. E.*et al.* Tinted windows: The presence of the UV absorbing compounds called mycosporine-like amino acids embedded in the frustules of marine diatoms. *Geochimica et Cosmochimica Acta* **2010**, *74* (1), 104-115.

(69) Subramaniam, A.*et al.* Bio-optical properties of the marine diazotrophic cyanobacteria *Trichodesmium* spp. I. Absorption and photosynthetic action spectra. *Limnology and Oceanography* **1999**, *44*(3), 608-617.

(70) M.Vernet*et al.* Release of ultraviolet-absorbing compounds by the red-tide dinoflagellate *Lingulodinium polyedra*. *Marine Biology* **1996**, *127*, 35-44.

(71) Tilstone, G. H.*et al.* High concentrations of mycosporine-like amino acids and colored dissolved organic matter in the sea surface microlayer off the Iberian Peninsula. *Limnology and Oceanography* **2010**, *55*(5), 1835-1850.

(72) Volkmann, M.*et al.* A broadly applicable method for extraction and characterization of mycosporines and mycosporine-like amino acids of terrestrial, marine and freshwater origin. *FEMS Microbiol Lett* **2006**, *255*(2), 286-295.

(73) Ngoennet, S.*et al.* A method for the isolation and characterization of mycosporine-like amino acids from cyanobacteria. *Methods Protoc* **2018**, *1*(4), 46.

(74) Matsui, K.*et al.* Novel glycosylated mycosporine-like amino acids with radical scavenging activity from the cyanobacterium *Nostoc commune*. *Journal of Photochemistry and Photobiology B: Biology* **2011**, *105*(1), 81-89.

(75) Carreto, J. I.*et al.* Occurrence of mycosporine-like amino acids in the red-tide dinoflagellate *Alexandrium excavatum*: UV-photoprotective compounds? *Journal of Plankton Research* **1990**, *12*(5), 909–921.

(76) Kageyama, H.*et al.* Mycosporine-like amino acids as multifunctional secondary metabolites in cyanobacteria: From biochemical to application aspects. In *Studies in Natural Products Chemistry*, Atta-ur-Rahman Ed.; Vol. 59; Elsevier, 2018; pp 153-194.

(77) Grewe, C. B.*et al.* The biotechnology of cyanobacteria. In *Ecology of Cyanobacteria II*, 2012; pp 707-739.

(78) Jin, C.*et al.* Efficient production of shinorine, a natural sunscreen material, from glucose and xylose by deleting HXK2 encoding hexokinase in *Saccharomyces cerevisiae*. *FEMS Yeast Res* **2021**, *21*(7).

(79) 学校法人北里研究所 *et al.* 微生物を用いたマイコスポリン様アミノ酸を生産する方法. 2015.

(80) Zwerger, M.*et al.* Efficient isolation of mycosporine-like amino acids from marine red algae by fast centrifugal partition chromatography. *Marine Drugs* **2022**, *20*(2), 106.

(81) Schmid, D.*et al.* Mycosporine-like amino acids from red algae protect against premature skin-sging. *Euro Cosmetics* **2006**, 1-4.

(82) The brochure of Helioguard 365 provided by H. Holstein Co., Ltd, Tokyo, Japan.

(83) Sakurai, H.*et al.* Detection of reactive oxygen species in the skin of live mice and rats exposed to UVA light: a research review on chemiluminescence and trials for UVA protection. *Photochem Photobiol Sci* **2005**, *4*(9), 715-720.

(84) Masaki, H.*et al.* Generation of active oxygen species from advanced glycation end-products

(AGEs) during unlraviolet A (UVA) irradiation and a possible mechanism for cell damaging. *Biochimica et Biophysica Acta* **1999**, *1428*(1), 45-56.

(85) Glady, A.*et al.* Involvement of NADPH oxidase 1 in UVB-induced cell signaling and cytotoxicity in human keratinocytes. *Biochem Biophys Rep* **2018**, *14*, 7-15.

(86) Ma, Q. Role of nrf2 in oxidative stress and toxicity. *Annu Rev Pharmacol Toxicol* **2013**, *53*, 401-426.

(87) Shindo, Y.*et al.* Enzymic and non-enzymic antioxidants in epidermis and dermis of human skin. *J Invest Dermatol* **1994**, *102*(1), 122-124.

(88) de la Coba, F.*et al.* Antioxidant activity of mycosporine-like amino acids isolated from three red macroalgae and one marine lichen. *Journal of Applied Phycology* **2009**, *21*(2), 161-169.

(89) Suh, S. S.*et al.* Anti-inflammation activities of mycosporine-like amino acids (MAAs) in response to UV radiation suggest potential anti-skin aging activity. *Marine Drugs* **2014**, *12*(10), 5174-5187.

(90) Cheewinthamrongrod, V.*et al.* DNA damage protecting and free radical scavenging properties of mycosporine-2-glycine from the Dead Sea cyanobacterium in A375 human melanoma cell lines. *Journal of Photochemistry and Photobiology B: Biology* **2016**, *164*, 289-295.

(91) Gacesa, R.*et al.* The mycosporine-like amino acids porphyra-334 and shinorine are antioxidants and direct antagonists of Keap1-Nrf2 binding. *Biochimie* **2018**, *154*, 35-44.

(92) Dunlap, W. C.*et al.* Small-molecule antioxidants in marine organisms" antioxidant activity of mycosporine-glycine. *Comp. Biochem. Physiol* **1995**, *112B*(1), 105-114.

(93) Suh, H. J.*et al.* Mycosporine glycine protects biological systems against photodynamic damage by quenching singlet oxygen with a high efficiency. *Photochem Photobiol* **2003**, *78*(2), 109-113.

(94) Whitehead, K.*et al.* Photodegradation and photosensitization of mycosporine-like amino acids. *J Photochem Photobiol B* **2005**, *80*(2), 115-121.

(95) Nishida, Y.*et al.* Efficient extraction and antioxidant capacity of mycosporine-like amino acids from red alga dulse *Palmaria palmata* in Japan. *Marine Drugs* **2020**, *18*(10).

(96) Lawrence, K. P.*et al.* Molecular photoprotection of human keratinocytes in vitro by the naturally occurring mycosporine-like amino acid palythine. *Br J Dermatol* **2018**, *178*(6), 1353-1363.

(97) Nakayama, R.*et al.* Antioxidant effect of the constituents of susabinori (*Porphyra yezoensis*). *Journal of the American Oil Chemist's Society* **1999**, *76*, 649-653.

(98) Moline, M.*et al.* UVB photoprotective role of mycosporines in yeast: photostability and antioxidant activity of mycosporine-glutaminol-glucoside. *Radiat Res* **2011**, *175*(1), 44-50.

(99) Sakamoto, T.*et al.* Four chemotypes of the terrestrial cyanobacterium *Nostoc commune* characterized by differences in the mycosporine - like amino acids. *Phycological Research*

2018, *67*(1), 3-11.

(100) Tarasuntisuk, S.*et al.* Mycosporine-2-glycine exerts anti-inflammatory and antioxidant effects in lipopolysaccharide (LPS)-stimulated RAW 264.7 macrophages. *Archives of Biochemistry and Biophysics* **2019**, *662*, 33-39.

(101) Pingkhanont, P.*et al.* Expression of a stress-responsive gene cluster for mycosporine-2-glycine confers oxidative stress tolerance in *Synechococcus elongatus* PCC7942. *FEMS Microbiology Letters* **2019**, *366*(9), fnz115.

(102) Ying, R.*et al.* The protective effect of mycosporine-like amino acids (MAAs) from *Porphyra yezoensis* in a mouse model of UV irradiation-induced photoaging. *Marine Drugs* **2019**, *17* (8), 470.

(103) Waditee-Sirisattha, R.*et al.* Protective effects of mycosporine-like amino acid-containing emulsions on UV-treated mouse ear tissue from the viewpoints of antioxidation and antiglycation. *Journal of Photochemistry and Photobiology B: Biology* **2021**, *223*, 112296.

(104) Kageyama, H.*et al.* Antioxidative, anti-inflammatory, and anti-aging properties of mycosporine-like amino acids: molecular and cellular mechanisms in the protection of skin-aging. *Marine Drugs* **2019**, *17*(4), 222.

(105) Becker, K.*et al.* Immunomodulatory effects of the mycosporine-like amino acids shinorine and porphyra-334. *Marine Drugs* **2016**, *14*(6), 119.

(106) Tarasuntisuk, S.*et al.* Inhibitory effects of mycosporine-2-glycine isolated from a halotolerant cyanobacterium on protein glycation and collagenase activity. *Letters in Applied Microbiology* **2018**, *67*(3), 314-320.

(107) Hartmann, A.*et al.* Inhibition of collagenase by mycosporine-like amino acids from marine sources. *Planta Medica* **2015**, *81*(10), 813-820.

(108) Varnali, T.*et al.* Potential metal chelating ability of mycosporine-like amino acids: a computational research. *Chemical Papers* **2022**.

(109) Misonou, T.*et al.* UV-absorbing substance in the red alga *Porphyra yezoensis* (Bangiales, Rhodophyta) block thymine photodimer production. *Mar Biotechnol (NY)* **2003**, *5*(2), 194-200.

(110) Yuan, Y. V.*et al.* Mycosporine-like amino acid composition of the edible red alga, *Palmaria palmata* (dulse) harvested from the west and east coasts of Grand Manan Island, New Brunswick. *Food Chemistry* **2009**, *112*, 321–328.

(111) Athukorala, Y.*et al.* Antiproliferative and antioxidant activities and mycosporine-like amino acid profiles of wild-harvested and cultivated edible Canadian marine red macroalgae. *Molecules* **2016**, *21*(1), E119.

(112) Kim, S.*et al.* Modulation of viability and apoptosis of UVB-exposed human keratinocyte HaCaT cells by aqueous methanol extract of laver (Porphyra yezoensis). *J Photochem Photobiol B* **2014**, *141*, 301-307.

(113) Sahu, N.*et al.* Identification of Cyanobacteria-Based Natural Inhibitors Against SARS-CoV-2 Druggable Target ACE2 Using Molecular Docking Study, ADME and Toxicity Analysis. *Indian J Clin Biochem* **2023**, *38* (3), 361-373.

(114) Pedrosa, V. M.*et al.* Production of mycosporine-like amino acid (MAA)-loaded emulsions as chemical barriers to control sunscald in fruits and vegetables. *J Sci Food Agric* **2021**.

(115) Fernandes, S. C.*et al.* Exploiting mycosporines as natural molecular sunscreens for the fabrication of UV-absorbing green materials. *ACS Appl Mater Interfaces* **2015**, *7* (30), 16558-16564.

(116) Ito, S.*et al.* Isolation and structure of a mycosporine from the zoanthid *Palythoa Tuberculosa*. *Tetrahedron Letters* **1977**, *28*, 2429-2430.

(117) Stochaj, W. R.*et al.* Two new UV-absorbing mycosporine-like amino acids from the sea anemone *Anthopleura elegantissima* and the effects of zooxanthellae and spectral irradiance on chemical composition and content. *Marine Biology* **1994**, *118*, 149-156.

(118) Leite, B.*et al.* Mycosporine-alanine: A self-inhibitor of germination from the conidial mucilage of *Colletotrichum graminicola*. *Experimentl Mycology* **1992**, *16* (1), 76-86.

(119) Arpin, N.*et al.* Mycosporines: Review and new data concerning their structure. *Revue de Mycologie* **1979**, *43*, 247-257.

(120) White, J. D.*et al.* Transformations of quinic acid. Asymmetric synthesis and absolute configuration of mycosporin I and mycosporin-gly. *Journal of Organic Chemistry* **1995**, *60* (12), 3600-3611.

(121) Young, H.*et al.* A UV protective compound from *Glomerella cingulata*—a mycosporine. *Phytochemistry* **1982**, *21* (5), 1075-1077.

(122) Lunel, M.-C.*et al.* Structure of normycosporin glutamine, a new compound isolated from *Pyronema omphalodes* (Bull ex Fr.) fuckel. *Tetrahedron Letters* **1980**, *21*, 4715–4716.

(123) Bernillon, J.*et al.* Flavin-mediated photolysis of mycosporines. *Phytochemistry* **1990**, *29*, 81-84.

(124) Pittet, J. L.*et al.* The presence of reduced-glutamine mycosporines, new molecules, in several Deuteromycetes. *Tetrahedron Letters* **1983**, *24*, 65-68.

(125) Hartmann, A.*et al.* Klebsormidin A and B, two new UV-sunscreen compounds in green microalgal *Interfilum* and *Klebsormidium* Species (Streptophyta) from terrestrial habitats. *Front Microbiol* **2020**, *11*, 499.

(126) Takano, S.*et al.* Isolation and structure of a 334 nm UV-absorbing substance, porphyra-334 from the red alga Porphyra tenera Kjellman. *Chemistry Letters* **1979**, *8* (419-420).

(127) Nakamura, H.*et al.* Isolation and structure of a 330 nm UV-absorbing substance, asterina-330 from the starfish *Asterina pectinifera*. *Chemistry Letters* **1981**, 1413-1414.

(128) Bandaranayake, W. M.*et al.* Ultraviolet absorbing pigments from the marine sponge *Dysidea herbacea*: Isolation and structure of a new mycosporine. *Camp. Biochem. Physiol.*

1996, *115C*(3), 281-286.

(129) Grant, P. T.*et al.* The isolation of four aminocyclohexenimines (mycosporines) and a structurally related derivative of cyclohexane-1: 3-dione (gadusol) from the brine shrimp, *Artemia. Comp. Biochem. Physiol. B* **1985**, *80B*, 755-759.

(130) Karentz, D.*et al.* Survey of mycosporine-like amino acid compounds in Antarctic marine organisms: potential protection from ultraviolet exposure. *Marine Biology* **1991**, *108*, 157-166.

(131) Sekikawa, I.*et al.* Isolation and structure of a 357 nm UV-absorbing substance, usujirene, from the red alga *Palmaria palmata* (L.) O. Kuntze. *The Japanese Journal of Phycology* **1986**, *34*, 185-188.

(132) Takano, S.*et al.* Isolation and structure of two new amino acids, palythinol and palythene, from the zoanthid *Palythoa tuberculosa. Tetrahedron Letters* **1978**, *49*, 4909-4912.

(133) Kobayashi, J.*et al.* Isolation and structure of a UV-absorbing substance 337 from the ascidian *Halocynthia roretzi. Tetrahedron Letters* **1981**, *22*, 3001-3002.

(134) Kamio, M.*et al.* Isolation and structural elucidation of novel mycosporine-like amino acids as alarm cues in the defensive ink secretion of the sea hare *Aplysia colifornica. Helvetica Chimica Acta* **2011**, *94*, 1012-1018.

(135) Werner, N.*et al.* Low temporal dynamics of mycosporine-like amino acids in benthic cyanobacteria from an alpine lake. *Freshwater Biology* **2020**, *66*, 169-176.

(136) Zaytseva, A.*et al.* Sunscreen effect exerted by secondary carotenoids and mycosporine-like amino acids in the aeroterrestrial Chlorophyte *Coelastrella rubescens* under high light and UV-A irradiation. *Plants (Basel)* **2021**, *10*(12).

(137) Teai, T. T.*et al.* Structure of two new iminomycosporines isolated from *Pocillopora eydouxi. Tetrahedron Letters* **1997**, *38*, 5799-5800.

(138) Carignan, M. O.*et al.* Palythine-threonine, a major novel mycosporine-like amino acid (MAA) isolated from the hermatypic coral *Pocillopora capitata. Journal of Photochemistry and Photobiology B: Biology* **2009**, *94*(3), 191-200.

(139) Orfanoudaki, M.*et al.* Isolation and structure elucidation of novel mycosporine-like amino acids from the two intertidal red macroalgae *Bostrychia scorpioides* and *Catenella caespitosa. Mar Drugs* **2023**, *21*(10).

(140) Won, J. J. W.*et al.* Isolation and structure of a novel mycosporine-like amino acid from the reef-building corals *Pocillopora damicornis* and *Stylophora pistillata. Tetrahedron Letters* **1995**, *36*, 5255-5256.

(141) Hartmann, A.*et al.* Analysis of mycosporine-like amino acids in selected algae and cyanobacteria by hydrophilic interaction liquid chromatography and a novel MAA from the red alga *Catenella repens. Mar Drugs* **2015**, *13*(10), 6291-6305.

(142) Won, J. J. W.*et al.* Two new UV-absorbing compounds from Stylophora pistillata: Sulfate esters of mycosporine-like amino acids. *Tetrahedron Letters* **1997**, *38*, 2525-2526.

(143) Bouillant, M. L.*et al.* Mycosporins from *Ascochyta pisi, Cladosporium herbarum,* and *Septoria nodorum. Phytochemistry* **1981**, *20*, 2705-2707.

(144) Bernillon, J.*et al.* Mycoporine glutamine and related mycosporines in the fungus *Pyronema omphalodes. Phytochemistry* **1984**, *23*(5), 1083-1087.

(145) Soule, T.*et al.* Molecular genetics and genomic analysis of scytonemin biosynthesis in *Nostoc punctiforme* ATCC 29133. *J Bacteriol* **2007**, *189*(12), 4465-4472.

(146) Soule, T.*et al.* A comparative genomics approach to understanding the biosynthesis of the sunscreen scytonemin in cyanobacteria. *BMC Genomics* **2009**, *10*, 336.

(147) Balskus, E. P.*et al.* Investigating the initial steps in the biosynthesis of cyanobacterial sunscreen scytonemin. *J Am Chem Soc* **2008**, *130*(46), 15260-15261.

(148) Balskus, E. P.*et al.* An enzymatic cyclopentyl[b]indole formation involved in scytonemin biosynthesis. *J Am Chem Soc* **2009**, *131*(41), 14648-14649.

(149) Naurin, S.*et al.* The response regulator Npun_F1278 is essential for scytonemin biosynthesis in the cyanobacterium *Nostoc punctiforme* ATCC 29133. *J Phycol* **2016**, *52*(4), 564-571.

索　引

数字

13-*O*-(β-galactosyl)-porphyra-334 103
2-*epi*-5-*epi*-valiolone synthase 32
2-*epi*-5-*epi*-バリオロンシンターゼ 32
3-dehydroquinate synthase 31
3-デヒドロキナ酸シンターゼ 31
4-deoxygadusol 30
7-O-(β-arabinopyranosyl)-porphyra-334
.... 101

A

adenosine triphosphate (ATP)-grasp
enzyme 34
AGE 79
Aplysiapalythine A 95
Aplysiapalythine B 95
Aplysiapalythine C 95
Aplysiapalythine D 95
Asterina-330 93
ATP-grasp 酵素 34

B

Bostrychine A 96
Bostrychine B 96
Bostrychine C 96
Bostrychine D 96
Bostrychine E 97
Bostrychine F 97
Bostrychine G 97
Bostrychine H 97
Bostrychine I 97
Bostrychine J 98
Bostrychine K 98
Bostrychine L 98

C

Catenelline A 99
Catenelline B 99
Coelastrin A 95
Coelastrin B 100
COVID-19 88

D

D-alanine-D-alanine ligase 35
DNA 損傷 86

E

Euhalothece-362 98

G

glycine decarboxylase 48

H

Helinori 66
Helioguard 365 64
Hexose-bound palythine-threonine 100
Hexose-bound porphyra-334 101
HPLC 52

K

Klebsormidin A 100
Klebsormidin B 92

M

MAA 8
MAA 生合成遺伝子クラスター 36
MYCAS 16
Mycosporine-2-(4-deoxygadusol-
ornithine)-β- 103
Mycosporine-2-(4-deoxygadusolyl-
ornithine), 756-Da MAA 102
Mycosporine-2-glycine 93
Mycosporine-4-deoxygadusolyl-ornithine)
.... 101
Mycosporine-alanine 90
Mycosporine-GABA 90
Mycosporine-glutamic acid 92
Mycosporine-glutamicol 92
Mycosporine-glutamicol-*O*-glucoside .. 100
Mycosporine-glutamine 92
Mycosporine-glutaminol 92
Mycosporine-glutaminol-*O*-glucoside .. 100
Mycosporine-glycine 90
Mycosporine-glycine-alanine 94
Mycosporine-glycine-arginine 94
Mycosporine-glycine-aspartic acid 93
Mycosporine-glycine-cysteine 94
Mycosporine-glycine-glutamic acid 93
Mycosporine-glycine-valine 94
Mycosporine-like Amino Acid 8
Mycosporine-lysine 91
Mycosporine-methylamine-serine 98
Mycosporine-methylamine-threonine 99
Mycosporine-ornithine 91
{Mycosporine-ornithine:4-deoxygadusol
ornithine}-β -xylopyranosyl-β -
galactopyranoside 102
Mycosporine-serine 91
Mycosporine-serinol 91
Mycosporine-taurine 90

N

nonribosomal peptide synthetase 34
Nostoc-756 102

O

O–methyltransferase 31
O–メチルトランスフェラーゼ 31

P

Palythene 94
Palythenic acid 95
Palythine 96
Palythine-serine 96
Palythine-serine sulfate 99
Palythine-threonine 96
Palythine-threonine sulfate 99
Palythinol 95
Pentose-bound shinorine 101
phytanoyl-CoA dioxygenase 41
Porphyra-334 93

S

SARS-CoV-2 88
Shinorine 93

T

Two hexose-bound palythine-threonine 101

U

Usujirene 94
UV-A 62
UV-B 62

あ

アミノグアニジン 79

アミノ酸分析 55
渦鞭毛藻 40
エチレンジアミン四酢酸 84
エラスチン 62, 81
炎症 76

か

解糖系 30
核磁気共鳴 54
活性酸素種 67
基質特異性 44
逆相クロマトグラフィー 52
吸収極大波長 54
共鳴混成体 12
共役構造 12
極限構造 12
局在 50
キレート化合物 84
グリシンデカルボキシラーゼ 48
グリシンベタイン 24
グルコシルグリセロール 24
珪藻 50
抗がん作用 87
抗酸化活性 68
抗酸化システム 73
紅藻 16, 39
高速液体クロマトグラフィー 52
コラーゲン 62, 82
コラゲナーゼ 82

さ

サンスクリーン剤 62, 63
サンタン 62
サンバーン 62, 76
シアノバクテリア 18

シアノペプトリン 26
シキミ酸経路 30
シクロヘキセノン 9
シクロヘキセンイミン 9
質量分析 54
シトネミン 18
終末糖化産物 79
浸透圧適合溶質 24
スクロース 24
創傷治癒作用 87

た

窒素固定 27
糖化 79
トレハロース 24

は

葉焼け 88
非局在化 12
非リボソーム型ペプチドシンターゼ 34
フィタノイル CoA ジオキシゲナーゼ
.... 41
フィルム素材 88
プテリン 20, 46
ヘテロシスト 27
ペントースリン酸経路 30

ま

マイコスポリン様アミノ酸 8
ミクロシスチン 25
メラニン 62

著者紹介

景山 伯春（かげやま・はくと）

1979 年 愛知県生まれ

2006 年 名古屋大学大学院理学研究科
　　　　生命理学専攻博士後期課程修了

2020 年 名城大学大学院総合学術研究科教授
　　　　名城大学理工学部教授

博士（理学）

著書

『Cyanobacterial Physiology』(Elsevier),

『An Introduction to Mycosporine-Like Amino Acids』(Bentham Science Publishers)

など

マイコスポリン様アミノ酸入門

2024 年 5 月 15 日発行

著　　　者　景山　伯春

発　行　所　株式会社 三恵社
　　　　　　〒462-0056　愛知県名古屋市北区中丸町 2-24-1
　　　　　　TEL.052-915-5211　　FAX.052-915-5019
　　　　　　URL https://www.sankeisha.com

ISBN 978-4-86693-959-9　C3043